NOUVEAU MANUEL COMPLET

DU

Propriétaire d'Abeilles,

OU

TRAITÉ

THÉORIQUE ET PRATIQUE DE LA CULTURE DE CES INSECTES,

CONTENANT :

1° L'histoire naturelle des abeilles ; 2° L'éducation de ces insectes applicable à toute espèce de ruches ; 3° L'art de construire, soi-même et à peu de frais, d'après les meilleures méthodes, les ruchers, ruches, hausses, plateaux, presses à extraire la cire, etc., etc. ; 4° Des procédés nouveaux pour récolter la cire et le miel ; 5° Un traité sur la manipulation de ces deux substances ; 6° Une instruction sur la culture du safran et du serizanne ; 7° Des remarques et observations de MM. Huber, Ross, Lombard, Feburier et autres naturalistes et cultivateurs distingués, sur la multiplication et la conservation des abeilles ; 8° une bibliographie indiquant les ouvrages curieux sur cette branche importante de l'économie domestique, etc., etc., etc.

Par A. Martin.

ORNÉ DE NEUF PLANCHES.

Paris,

COMPÈRE JEUNE, LIBRAIRE,

RUE DE L'ÉCOLE DE MÉDECINE, N° 8.

DELAUNAY, LIBRAIRE, PALAIS-ROYAL, PÉRISTYLE VALOIS, N. 243.

MONGIE AÎNÉ, LIBRAIRE, BOULEVARD DES ITALIENS.

CHARLES BÉCHET, LIBRAIRE, QUAI DES AUGUSTINS.

1828.

S

NOUVEAU MANUEL COMPLET

DU

Propriétaire d'Abeilles.

IMPRIMERIE D'HIPPOLYTE TILLIARD,

RUE DE LA HARPE, N° 78.

NOUVEAU MANUEL COMPLET

DU

Propriétaire d'Abeilles,

OU

TRAITÉ

THÉORIQUE ET PRATIQUE DE LA CULTURE DE CES INSECTES.

Ouvrage contenant

1° L'histoire naturelle des abeilles; 2° L'éducation de ces insectes applicable à toute espèce de ruches; 3° L'art de construire soi-même et à peu de frais, d'après les meilleures méthodes, les ruchers, ruches, surtouts, plateaux, presses à extraire la cire, etc., etc.; 4° Des procédés nouveaux pour récolter la cire et le miel; 5° Un traité sur la manipulation de ces deux substances; 6° Une instruction sur la culture du sainfoin et du sarrazin; 7° Des remarques et observations de MM. Huber, Bosc, Lombard, Feburier et autres naturalistes et cultivateurs distingués, sur la multiplication et la conservation des abeilles, 8° une bibliographie indiquant les ouvrages curieux sur cette branche importante de l'économie domestique, etc., etc., etc.

Par A. Martin.

ORNÉ DE NEUF PLANCHES.

Paris,

COMPÈRE JEUNE, LIBRAIRE,

RUE DE L'ÉCOLE DE MÉDECINE, N° 8.

DELAUNAY, LIBRAIRE, PALAIS ROYAL;

MONGIE AINÉ, LIBRAIRE, BOULEVARD DES ITALIENS;

CHARLES BÉCHET, LIBRAIRE, QUAI DES AUGUSTINS.

1828.

AVANT-PROPOS.

*

De temps immémorials on cultive
des abeilles. Les anciens ne nous ont
laissé que des essais imparfaits sur ces
insectes : leurs ouvrages sont pleins
d'erreurs et de préjugés. On connaît la
fable ingénieuse de Virgile, aussi bon
poète que mauvais physicien.

Il faut peu s'étonner des erreurs des
anciens : pour eux les arts d'imagina-
tion étaient tout ; ils en connaissaient
tous les secrets. Après deux mille ans,
ils sont encore nos modèles en architecture, en poésie ; et en revanche, ils

nous le cèdent dans les connaissances positives ; dans l'économie rurale , par exemple , nous les avons de beaucoup surpassés : les sciences physiques , poussées de nos jours à un si haut point de perfection , nous ont été en cela d'un grand secours.

Varron , Columelle , ont laissé des ouvrages sur l'agriculture , où les inexactitudes fourmillent ; on dirait vraiment que les anciens regardaient l'agriculture comme indigne d'exercer des mains libres , si leurs livres ne déposaient au contraire de l'estime qu'ils faisaient d'un agriculteur.

Parmi les modernes , Swammerdam , et le célèbre Réaumur, dans son histoire des insectes , ont traité fort au long de l'histoire naturelle de l'abeille , de la conformation de ses différentes parties, et de l'usage qu'elle en fait ; mais ce n'est que vers le milieu et surtout vers la fin du dernier siècle , qu'on s'occupa avec succès des abeilles. C'est à cette époque que se placent les travaux de Gelieu , de l'abbé Bien-aimé , de Schirah et du savant Huber , qui unissait à une grande patience d'esprit des connaissances approfondies en histoire naturelle , et le talent , peut-être aussi rare, de donner à ses leçons une grande clarté , et de les mettre ainsi à la portée de toutes les intelligences.

Huber était de Genève : ses procédés pénétrèrent bientôt dans les cantons de la Suisse , ou l'éducation des abeilles devint l'occupation des pâtres des Alpes , des communes protestantes , où les ministres réformés élevèrent eux-mêmes de nombreuses ruches.

Nous ne parlerons des Anglais, chez qui la science des abeilles est encore dans une sorte d'enfance, que pour faire mention de l'ouvrage de Thomas Wildman, de l'*Éducation des abeilles*, et surtout de la patience de cet observateur, qui était venu à bout de connaître toutes les habitudes, toutes les maladies de ces insectes, dont il se faisait suivre au moindre son de la voix; miracle de patience, si l'on veut, mais qui n'avança guère les progrès de l'éducation des abeilles.

Nos aïeux ont aussi connu les abeilles, qui ont été pour eux un double sujet d'observations naturelles et de spéculations commerciales. Ils avaient des gardes dans les forêts, dont l'office était de ramasser les abeilles, leurs essaims, leur miel et leur cire ; ces officiers s'appelaient Aveilleurs, Bigres ; et les rois et les seigneurs étaient fort attentifs à conserver le droit d'avoir de ces gardes. On peut voir à ce sujet le glossaire de Ducange aux mots *Apicularii, Bersarii, in Bersâ, Bigarus, Bigrus*.

On élevait plus d'abeilles en France qu'il n'y en a aujourd'hui ; c'est ce qui donna lieu à différentes lois et à différents droits seigneuriaux, surtout à celui d'aboilage. L'aboilage ou abeillage était un droit que les seigneurs châtelains avaient en plusieurs lieux, de prendre seuls les abeilles qui se trouvaient dans les forêts voisines de leurs seigneuries. En vertu de l'aboilage, ces seigneurs prenaient aussi une certaine quantité d'abeilles, de cire et de miel sur les ruches de leurs vasseaux.

On paraît comprendre en ce moment l'importance dans l'économie rurale, de l'entretien de ces précieux insectes. L'aménagement des abeilles est une source féconde de richesses. Aussi voit-on s'élever de toutes parts des ruches à *hausses*, *lombardes*, à *air libre*, etc.

Il ne faut donc pas s'étonner si, après un très grand nombre d'écrits qui ont paru sur les abeilles, nous essayons de traiter un sujet que Virgile embellit de tout le charme de sa poésie, et que les Lombard, les Féburier, les Mar-

tin (1), parmi nous, dotèrent d'observations faites avec une patience et une
sagacité merveilleuses. Ceux qui par-
courront notre table des matières, ou
qui voudront jeter un coup d'œil sur
l'ensemble de notre *Manuel*, ne trai-
teront pas de téméraire notre entreprise ; ils s'apercevront aisément que
ce sujet était loin d'être épuisé ; que
chaque auteur ne l'avait considéré que
sous celles des faces qu'il était accoutumé d'observer ; que peu, ont donné
un livre complet sur cette partie importante de l'économie rurale.

Ce ne sont point seulement des théo-
ries puisées dans des livres, que nous
offrons aux agronomes, aux cultiva-

______

(1) M. Martin, *de Corbeil*, inventeur de la
ruche *à air libre*. Voir chap. 2, page 117.

teurs, aux fermiers, mais des observations pratiques consacrées par une assez longue expérience, par un séjour prolongé dans le midi de la France.

On calcule que chaque ruche produit annuellement environ 24 francs, c'est-à-dire que le rapport de la dépense au revenu est à peu près de 70 pour 100 ; bénéfice énorme, et qu'on serait tenté de révoquer en doute, en se demandant pourquoi l'éducation des abeilles ne fait pas seule l'occupation de la plupart de nos provinces méridionales ; objection au reste, qui aurait quelque chose de spécieux, si l'on ne savait que l'abeille ne vit pas également bien partout, que le miel qu'elle produit est plus ou moins abondant, suivant que l'art et la nature se sont plu à lui préparer un séjour plus ou moins favorable à ses habitudes, à ses mœurs, à ses besoins.

Sans doute un climat tempéré, une atmosphère douce, la proximité de vergers, de parterres émaillés de fleurs, le murmure des ruisseaux sont des accidents qu'on ne saurait trouver toujours et qui doivent merveilleusement servir à l'éducation, à la reproduction et au travail des abeilles, et ce serait chercher la solution d'un problème insoluble, que d'espérer voir prospérer des ruches sous les latitudes boréales, comme sous des latitudes méridionales. Toutefois, l'art peut jusqu'à un certain point, sinon compenser ces dons spontanés de la nature, du moins lutter contre les difficultés jamais insur-

montables du climat et de l'exposition.

Voilà le problème que nous avons
dû mettre nos efforts à résoudre. Si
l'on veut nous lire attentivement, on
verra bientôt qu'il n'est pas très diffi-
ciel d'élever des abeilles là où jamais
ces êtres industrieux ne firent entendre
leurs murmures. Avant Dandolo, le
ver à soie était presque négligé dans
le Piémont et la Lombardie ; Dandolo
voulut rappeller à ses compatriotes ce
vers de Virgile :

Felices si sua bona norint,

qu'ils semblaient avoir oublié, et depuis l'époque où ce savant écrivit son
Traité sur les vers à soie, le Piémont
a vu ses richesses s'augmenter dans une

grande proportion. Nous n'osons dire que telle sera la révolution que nous opérons en France , néanmoins nous avons la confiance que ce livre écrit dans l'intérêt des agronomes , des culti- vateurs et des amateurs , sera accueillie par eux avec une bienveillance que nous nous efforcerons sans cesse de mériter.

NOUVEAU MANUEL

DES

PROPRIÉTAIRES D'ABEILLES.

PREMIÈRE PARTIE.

CHAPITRE PREMIER.

DES ABEILLES. [1]

L'ABEILLE ou mouche à miel est un insecte volant, de l'espèce des mouches, qui fait le miel et la cire. En le voyant voler dans la campagne, on n'imaginerait pas quel objet d'admiration il prépare, et qu'il suffirait seul pour faire sentir la toute-puissance merveilleuse de l'Être infini qui nous a créés.

D'abord, observons les parties de son

[1] Réaumur. — Columelle. — Observations de l'auteur. — *Journal d'agriculture* de Lot-et-Garonne, etc., etc.

corps, qui est comme couvert de poil ou d'une espèce de duvet. Il en est trois essentielles à remarquer, et chacune est disposée pour des opérations qu'on ne peut voir sans étonnement. La première est la tête, la seconde le milieu du corps, et la troisième le ventre.

A la tête sont deux espèces de mâchoires qui s'ouvrent et se ferment de droite à gauche, et c'est cet organe qui leur sert à prendre la cire, à la pétrir, à en construire les alvéoles, et à transporter au-dedans ou au-dehors de la ruche ce qui leur est nécessaire. En portant les yeux sur les extrémités de la tête, on y aperçoit une trompe qui s'étend et se replie, et c'est à la faveur de cette trompe que les abeilles recueillent le miel sur les fleurs, et qu'elles prennent leur nourriture.

Au milieu du corps se trouvent la poitrine, l'estomac, et quelquefois deux estomacs ; car les abeilles ouvrières, dont nous parlerons incessamment, en ont deux. Sur les côtés sont quatre ailes, une grande et une petite de chaque côté ; la plus petite est la plus rapprochée de la tête. Ces ailes leur donnent non-seulement la faculté de voler, mais encore, par

les sons que forment leur bruit, celle
de s'avertir les unes les autres de leurs
besoins mutuels. Elevez ces ailes , et
vous trouverez au-dessous une ouverture
nommée *stigmate*, conformée comme la
bouche. C'est l'ouverture de l'un des
poumons. Vers le bas de cette partie du
corps sont six pattes, trois à droite, et
trois à gauche, et c'est à l'aide de ces
pattes qu'elles remportent dans leurs ruches la cire brute qu'elles ont ramassée
dans la campagne.

La dernière partie est le ventre, composé de six anneaux liés les uns aux autres ; mais ce n'est point à la superficie
qu'il faut s'arrêter , c'est à deux parties
internes qu'elle cache, la vésicule et l'aiguillon. La vésicule est la partie où se
ramasse le miel qu'elles ont sucé avec
leur trompe dans le calice des fleurs ;
le miel se communique à la vésicule par
un petit canal qui traverse la tête et la
poitrine. La vésicule est de la grosseur d'un
petit pois quand elle est pleine, et assez
transparente pour laisser apercevoir la couleur du miel qu'elle contient. Quant à l'aiguillon, c'est l'arme que la nature donne
aux abeilles. Il est caché dans l'extrémité
du ventre , d'où elles le lancent et où

elles le retirent avec la plus grande vitesse. Sa forme est celle d'un petit dard :
il est creux comme un tuyau, et renferme
une liqueur venimeuse qui produit la
douleur qu'on ressent après la piqûre
d'une abeille. Quelquefois l'aiguillon se
casse et reste dans la plaie qu'il a faite.
Il faut dans ce cas le retirer aussitôt, pour
que le venin fasse moins de progrès, et
frotter la plaie d'huile d'olive, ou y appliquer du persil broyé [1].

Quelque curieuse que soit l'anatomie
des abeilles, ce n'est pas néanmoins ce
qu'on doit proposer en elles comme le
plus grand objet d'étonnement, car cet
étonnement cesse, et l'on ne peut en
effet retenir son admiration lorsqu'on
considère attentivement leur travail, leur
industrie, leur sagacité, et le gouvernement tout-à-fait régulier de leurs ruches.
Mais avant que d'entrer dans des détails
nécessaires, commençons par distinguer
dans l'espèce même dont nous parlons,
trois sortes d'abeilles.

L'*abeille reine*, dite *mère*, nommée autre-
fois *roi des abeilles*, parce qu'on n'avait pas
encore bien jugé de leur sexe, qui n'est plus

____

[1] Voir le Chap. 3e. Des piqûres.

aujourd'hui équivoque. C'est la plus rare. La reine a trois anneaux de son corselet plus longs que ses ailes. (*V. Pl.* I, *fig.* 1.) Elle n'a point de corbeilles à ses jambes postérieures, ne travaillant point. Elle se sert rarement de son aiguillon, incliné à l'extrémité de son corps.

L'abeille mâle ou *faux bourdon*, pour les différencier d'une sorte d'abeilles connues sous le nom de *bourdons*. Le faux bourdon est deux fois plus gros que l'abeille ouvriè-re. (*V. Pl.* I, *fig.* 2.) Il a les ailes aussi longues que le corps. Il est noir et velu, ne travaille point, n'a pas d'aiguillon.

L'abeille commune ou *ouvrière*. Cette espèce est la plus nombreuse. L'abeille commune se divise en deux classes, les *ouvrières* et les *nourrices*. Ces dernières sont un peu plus petites. Les unes et les autres sont velues; leurs ailes sont aussi longues que leur corps. (*V. Pl.* 1. *fig.* 3 et 4.) Elles ont une petite corbeille aux jambes postérieures, la trompe longue, l'aiguillon droit.

Il ne paraît pas que l'abeille reine ou mère ait d'autre emploi dans la ruche que celui de multiplier. Elle est toujours unique de son espèce; car les abeilles ouvrières n'en souffrent qu'une seule dans chaque ruche, et tuent les autres.

Celle qui est l'objet de leur choix, l'est aussi de tous leurs soins. Elles veillent à sa sûreté, ne la laissent jamais sortir sans un cortége d'autres abeilles, occupées, au péril même de leur vie, de la garantir contre tout accident. En un mot, c'est une reine entourée de ses gardes.

Quant aux abeilles mâles ou faux bourdons, ils ne vivent que de miel, au lieu que les abeilles ouvrières mangent souvent de la cire brute. L'unique emploi de ceux-là est de féconder la reine; celle-ci encore est-elle obligée de les prévenir et de les animer, pour opérer l'accouplement. Ce sont, d'ailleurs, des fainéants, qui ne font que voltiger autour de la ruche et ne travaillent jamais ; aussi en sont-ils bien punis. Dès que la ponte est finie, les abeilles ouvrières chassent et tuent les mâles, et l'on ne trouve ordinairement de ceux-ci dans les ruches, que depuis le commencement de mai, jusqu'à la fin de juillet, qui est la saison d'accouplement des abeilles.

La troisième sorte d'abeilles est véritablement admirable, on les nomme communes ou ouvrières : ce sont elles, en effet, qui font la récolte. Elles ont deux estomacs, dont l'un reçoit le miel, et l'autre la cire. C'est à la faveur de leur trompe, qu'elles recueillent le miel.

Quant à la cire, elles la recueillent sur un grand nombre d'arbres et de plantes, et sur la plupart des fleurs qui ont des étamines, c'est-à-dire un velouté de matière grasse. L'activité de leur travail, dans cette récolte, échappe aux plus clair-voyants.

Cependant on s'est assuré de deux choses, l'une, qu'elles recueillent la cire tant avec leurs serres, qu'avec leurs pattes de devant ; que, de celles-ci, elles la font passer aux pattes du milieu, et de là aux pattes de derrière, où elle se trouve enfin ramassée au volume d'environ deux lentilles. Cet article des pattes de derrière a une concavité en forme de cuiller, environnée de poil.

La seconde chose qu'on a également bien remarquée, pendant leur récolte de cire, c'est qu'elles ont l'art de la ramasser sur les fleurs et sur les feuilles, en y roulant leur corps, où cette matière s'attache à la faveur du poil ou de l'espèce de duvet dont il est garni.

Pline raconte plusieurs merveilles des abeilles, aussi-bien que Mathiole, touchant leur économie , qui est telle, que le philosophe Aristomaque employa soixante ans à les contempler.

La distribution des emplois parmi elles est quelque chose de si merveilleux, qu'on a peine de convenir en les voyant, que les unes sont destinées à accompagner leur reine, à faire sentinelle à l'entrée de la ruche, pour qu'aucun ennemi, ni que rien de nuisible n'y entre, sans lui résister de tout leur pouvoir, et sans en avertir leurs compagnes; les autres sont employées à aller chercher les matériaux pour construire leurs édifices; les unes à les mettre en œuvre selon l'art et les proportions les plus régulières et les plus justes; les autres ébauchent l'ouvrage :

Labor omnibus unus :
Manè ruunt portis, nusquam mora.

Elles se donnent toutes au travail. Elles sortent en foule dès le matin, et travaillent sans relâche. Comme ces charmants insectes sont ennemis de la malpropreté, on en voit plusieurs occupés à nettoyer leur ruche, aussitôt qu'ils y ont fixé leur demeure; et crainte d'infection ils sortent et entraînent dehors les mouches mortes, le couvain qui n'a pas en son entière perfection, et tous autres insectes qui y entrent, comme les fourmis, fort friandes de miel, les papillons, les chenilles, les limaçons, les araignées, les vermisseaux qui s'y engendrent; enfin ils en expulsent et défendent l'entrée aux abeilles étrangères, et s'opposent aux guêpes, qu'ils n'y souffrent que le moins qu'ils peuvent, et qu'ils ont le talent de connaître. Si une seule abeille ne suffit pas pour les mettre dehors, d'autres abeilles se joignent à elle, et l'aident jusqu'à ce qu'elles soient venues à bout de leur dessein; et elles les entraînent souvent fort loin de leur ruche, deux ou trois abeilles, unissant leurs forces à cet effet. Il est vrai que les abeilles ne peuvent expulser les limaçons de leur ruche, ne sachant par où les prendre à cause de leurs coquilles; mais elles viennent à bout de les ranger dans un coin de la ruche, où elles les collent en leur faisant une espèce de tombeau avec de la cire, ou de la *propolis*[1], d'où ils ne peuvent sortir; par ce moyen elles se délivrent de leur importunité, et de l'infection que leur corruption pourrait occasionner dans leurs habitations.

[1] *Propolis*, voir le chap. 2ᵉ. Travaux des abeilles.

S'il entre quelque chose dans les ruches, qu'elles n'aient pas la force d'expulser, toute la république est en rumeur
à l'instant. Si on frappe, ou si on fait du
bruit auprès de leur ruche, il y a dans
le moment des abeilles députées pour
aller reconnaître ce que c'est, et le calme
revient entre elles, ou elles sont en plus
grand mouvement, selon le rapport qui
se fait. Si le coup porté à leur ruche est
violent, elles ne délibèrent point ; car
aussitôt elles sortent en foule pour se
défendre avec plus de force. Tout cela
marque une vraie intelligence entre elles,
et qu'elles s'entendent dans leur façon
de s'énoncer , puisque celles qui travaillent et qui ont faim ne font que
baisser leur petite trompette devant les
dépensières, qui roulent dessus une petite goutte de miel, qu'elles ont dans une
petite phiole dans la tête, et aussitôt que
les nécessiteuses ont pris leur réfection,
elles continuent leur travail.

On n'a jamais vu les abeilles faire des
entreprises contre leurs ennemis, ni
chercher à les surprendre, ni leurs biens ;
mais il faut convenir absolument qu'elles
unissent leurs forces pour la défense de
toute leur république, qui se contente

de repousser l'injure , et qui ne la repousse que lorsqu'elle est offensée véritablement, ou pillée; ainsi , on ne peut s'empêcher d'approuver une défense aussi juste et aussi légitime. Tous ces faits paraissent fabuleux à ceux qui ne connaissent pas la manière dont les abeilles se gouvernent; et pour en pouvoir être persuadé sans en révoquer aucun en doute , il faut avoir soin de les examiner pendant quelque temps : car un moment ne suffit pas pour tout cela.

Selon le sentiment de Jean de Horn , leur gouvernement ne consiste que dans un amour mutuel , sans qu'elles aient la moindre supériorité les unes sur les autres.

Ce qui mérite surtout l'attention des curieux , c'est l'harmonie , l'intelligence et l'union parfaite qui règnent entre les abeilles d'une même ruche , dans laquelle vous ne voyez jamais ni différend , ni mésintelligence, que par accident; elles sont toujours attentives à se prévenir l'une l'autre dans le besoin. Si elles sont attaquées par leurs voisines , ou par quelques insectes , le même zèle , la même ardeur , la même vivacité et le même empressement paraissent incontinent pour la défense commune de tout ce qui leur appartient, se reconnaissant parfaitement l'une l'autre dans les mêlées, sans se mordre, sans se piquer, sans s'incommoder, ni se nuire, se trouvant toutes réunies au même point, ayant toutes le même intérêt, les mêmes vues et les mêmes intentions.

Il ne resterait aucune abeille dans la ruche, et elles périraient toutes, plutôt que de ne pas gagner le champ de bataille, de ne pas triompher de leurs ennemis, et de ne pas faire quitter prise à quiconque ose les attaquer; elles mettraient des lions et des bêtes encore plus féroces en fuite; elles laissent plutôt leur vie dans les blessures qu'elles font, que de ne pas vaincre.

Les services mutuels que les abeilles se rendent, et les secours qu'elles se donnent à propos, font admirer l'amitié parfaite qui règne entre elles. Si celles qui reviennent des champs sont mouillées, ou si elles sont chargées de poussière, celles qui sont à la porte ont l'attention de les essuyer et de les nettoyer avant que de les laisser entrer. Si elles ont besoin de manger, les dépensières s'apercevant de leurs besoins et de leur fatigue, leur offrent des rafraîchissement et de la nourriture qu'elles leur font paraître, et qu'elles leur montrent au bout de leur petite trompe : celles qui en ont besoin ne manquent pas de profiter de ces offres obligeantes et prévenantes, en baissant leurs petites trompes devant celles qui leur offrent à manger. Si celles qui sont occupées à faire sentinelle à l'entrée de la ruche, ou les ouvrières qui sont occupées au travail de l'intérieur, sentent avoir besoin de nourriture, celles qui reviennent de la chasse et de la provision, préviennent leurs désirs, en leur présentant à l'instant de quoi se rassasier. Les vieilles ont cette même attention pour les jeunes qui leur paraissent avoir besoin de manger.

Ainsi les abeilles préviennent réciproquement leurs besoins, elles s'entre aident dans leur travail, et elles se donnent un secours mutuel pour leur défense. Si le froid les incommode pendant l'hiver, temps où elles sont amoncelées et amassées les unes sur les autres au haut de la ruche, ordinairement sur le devant, comme le plus exposé au soleil, elles ont la prévoyance et l'attention de changer de place, de sorte que celles qui cou-

vraient les autres sont couvertes à leur
tour, ayant grande attention particulièrement que leur reine ne soit découverte,
et qu'elle ne ressente aucune incommo-
dité du froid.

On ne finirait pas de faire connaître
cette sympathie si admirable entre les
abeilles, s'il ne convenait de dire aussi
quelque chose de leur antipathie incon-
cevable pour les étrangères, qu'elles ne
souffrent que très rarement, ou, pour
mieux dire, pas du tout. Car toutes les
mouches étrangères, qui entrent dans
une ruche autre que la leur, en sortent
incontinent, si elles ne sont point ar-
rêtées, ou si elles peuvent s'échapper;
autrement elles sont en grand danger de
perdre la vie; car à l'instant elles sont
prises au corps par deux ou trois compagnes, qui les font périr infailliblement
à force de morsures et de piqûres, si elles
s'obstinent à ne pas sortir à l'instant, et
si elles résistent à celles qui les repous-
sent, et qui s'opposent à leur entrée dans
la ruche qu'elles défendent. Dès que la
saison du printemps et du beau temps
paraît, les abeilles courent aux champs
avec empressement, et elles n'en reviennent que pour apporter du miel ou

de la cire pour remplir leurs magasins. Ce qui prouve la grande inclination des abeilles pour le travail, c'est que la longueur du chemin qu'elles sont obligées de faire pour trouver des fleurs, sur lesquelles elles prennent leur butin, ne les rebute pas, non plus que la fatigue qu'elles endurent, et les dangers auxquels elles sont exposées continuellement. Car un coup de vent les fait tomber, ou dans l'eau, dont elles se tirent difficilement, ou les fait donner contre des branches, ou une goutte de pluie les renverse avec leur charge; enfin elles courent risque de leur vie à tout moment; un oiseau les poursuit pour en faire sa proie. Échappées de tous ces périls dans leurs fréquents voyages, l'amour du travail les fait repartir aussitôt qu'elles ont déposé leur butin dans les greniers publics.

Si la fleur sur laquelle les abeilles se chargent est trop faible, et qu'elle fléchisse sous le poids, elles choisissent un endroit fixe et assuré, pour pouvoir se charger solidement; et leur provision ainsi faite, elles reprennent leur route, accablées sous un fardeau qui souvent les fait succomber. Vous ne voyez jamais les abeilles jouer ni s'amuser quand elles sont en quête, allant de fleur en fleur, jusqu'à ce qu'elles aient trouvé leur charge. Revenues au logis, elles se débarrassent elles-mêmes, en introduisant leurs pattes dans les alvéoles, et les frottant sur leurs entrées, et l'une contre l'autre, ou à l'aide de celle du milieu, et elles retournent aux champs à l'instant; ou bien il y a d'autres abeilles qui ont le soin de les décharger, et particulièrement celles qui sont couvertes de cette farine onctueuse qu'elles rapportent.

Les abeilles qui sont employées à faire la récolte du miel, vont partout chercher cette liqueur précieuse :

. . . . Pascuntur et arbuta passim,
Et glaucas salices, casiamque, crocumque rubentem,
Et pinguem tiliam, et ferrugineos hyacinthos.

VIRGILE.

Elles parcourent les arbustes, les saules, la lavande, le safran, le tilleul et les jacynthes, dont ayant rempli leurs petites fioles, tant sur les fleurs que partout ailleurs, elles viennent la déposer dans le réservoir commun, et elles retournent précipitamment dans les lieux où elles croient en avoir laissé : et elles y vont tant qu'il en reste.

Si les abeilles trouvent, à leur arrivée dans la ruche, quelques ouvrières sur leur chemin qui aient faim, elles leur donnent aussitôt de la liqueur qu'elles apportent, afin qu'elles ne quittent point leur atelier, qu'elles ne discontinuent point leur ouvrage, et qu'elles ne perdent point de temps pour aller chercher de quoi se rassasier. Si elles sont obligées de découvrir et de décoiffer quelques alvéoles remplies de miel, pour y prendre leur nourriture dans les temps fâcheux qui ne leur permettent pas d'en aller chercher hors de leurs ruches, ce qu'elles ne font qu'avec une sobriété édifiante et exemplaire, elles ont soin de porter dans leur magasin les moindres morceaux, les plus petites miettes ou fragments de ces débris, ou couvercles des alvéoles, si la cire en est propre, et qu'elles prévoient qu'elle ne doive pas se corrompre. Enfin elles n'en perdent pas, à moins qu'elles ne pensent qu'elle peut s'infecter, et dans ce cas, elles l'entraînent hors de la ruche, le plus loin qu'elles peuvent, comme nous l'avons dit ailleurs : car leur économie est

si grande, qu'elles mettent tout à profit,
sans négliger quoi que ce soit qui puisse
y contribuer.

Les abeilles ont ce talent particulier et
singulier, de ne pas compter sur l'avenir,
et de s'occuper utilement, lorsque le
temps serein le leur permet ; et elles l'emploient à amasser pendant tout l'été, pré-
voyant que l'hiver lui succède, et que ne
pouvant sortir alors de leurs habitations
pour trouver de quoi vivre, elles en
manqueraient ; et elles ne s'attendent à
en trouver nulle part dans cette saison
rigoureuse.

Il est certain que les abeilles conservent leur miel avec tant de ménagement,
qu'elles n'y touchent que lorsqu'elles ne
peuvent plus tirer leur nourriture de la
campagne, le mauvais temps les empê-
chant d'y aller en chercher ; et s'il périt
des ruches dont les abeilles meurent
faute de provisions, ce n'est pas à leur négligence qu'il faut imputer ce fâcheux
événement, ni à leur paresse, ni à leur
dissipation, mais simplement à la mauvaise constitution de l'air pendant l'été,
qui est souvent si pluvieux, ou si sec,
qu'il ne leur est pas possible de faire leur
provisions plus copieuses, et leur récolte

plus abondante. Elles ont toujours assez de cire, si on ne la leur a pas ôtée à contre-temps, mais souvent le miel leur manque, faute d'en avoir pu trouver, par les raisons que nous avons dit précédemment ; car on peut dire à leur louange, qu'elles profitent de tous les moments favorables à amasser des provisions, et le défaut de nourriture suffisante pour passer l'hiver, provient aussi quelquefois de l'avidité de ceux qui leur prennent hors des saisons indiquées, ces provisions sans aucune considération, et sans les précautions convenables : c'est pourquoi on ne peut avoir trop de prudence, de discrétion et de ménagement, car un vil intérêt nous fait faire des pertes qui très souvent deviennent irréparables.

Les abeilles n'entament jamais leurs provisions qu'elles ne soient extrêmement pressées par la faim, et elles mesurent, pour ainsi dire, leur appétit sur l'abondance ou sur la modicité de leur récolte, qui est plus ou moins grande, selon les saisons favorables et le nombre.

Rien n'est plus facile que de se procurer la vue de ces trois sortes de mouches. Les ouvrières se voient journellement ; les mâles dans la saison des essaims, et mieux encore lors du massacre que les abeilles ouvrières en font quand une ruche ne veut plus jeter, ce qui arrive ordinairement en août.

On peut également voir des reines tant que l'on voudra, lors de la sortie des essaims. Le soir du jour qu'on en a recueilli dans une ruche, on en trouve presque toujours de mortes par terre, aux environs de cette ruche; ce sont celles que les abeilles ont tuées comme surnuméraires. On en trouve davantage encore autour des ruches dans lesquelles on a mis plusieurs essaims ensemble. Quoiqu'elles aient un aiguillon, elles s'en servent rarement. J'en ai tenu dans les mains de fort vives, et assez long-temps, sans jamais en avoir été piqué.

Quelques abeilles avalent à la campagne, la cire brute; le plus souvent elles la rapportent, et la laissent avaler à d'autres, car il est nécessaire qu'elle passe dans leur estomac pour acquérir la qualité de vraie cire. Quand elle y a reçu la préparation essentielle, elles la rejettent et l'arrangent au fond d'un alvéole, en la détrempant, avec leurs deux mâchoires d'une liqueur humide, qui semble annoncer que cette liqueur vient de la même partie du corps, d'où elles rejettent le miel.

Parmi les talents dont les abeilles sont douées, remarquons encore celui qu'elles ont de pressentir le temps d'orage et de pluie. Avec quelle vitesse elles reviennent alors de la campagne, pour se renfermer dans leurs ruches. La chaleur est nécessaire à leur conservation. Comme elles ne sortent pas pendant la plus grande partie de l'hiver, elles se rapprochent autant qu'elles peuvent, dans l'espace qui sépare les rayons, en s'agitant de leur mieux pour ranimer leur chaleur.

Il est encore des abeilles différentes de celles qui font le miel et la cire; on les connaît sous le nom de *bourdons*; d'autres sont appelées *perce-bois*, à cause de leur adresse à percer les bois qui commencent à se pourrir, et dans lesquels elles déposent ensuite leurs œufs. Leur corps est d'un beau noir luisant, excepté les ailes, dont la couleur est violette. On les voit dans les jardins quand le printemps commence, et on les distingue suffisamment au son bruyant de leurs ailes. On remarque aussi une autre espèce d'abeilles, qui font leurs nids sous terre, avec des feuilles découpées de rosiers,

d'ormes et de différents arbres et arbrisseaux.

On rencontre aussi parfois des abeilles
portant sur le devant de la tête des excroissances d'une seule pièce, ou bien rami-
fiées, plus ou moins étendues, ayant
tantôt la forme d'aigrettes ou panaches,
tantôt celle de petites fleurs. Leur couleur varie du jaune pur jonquille au jaune
souci foncé; elle paraît intime et péné-
trante. Ces excroissances sont, aux yeux
de Schirach [1], les symptômes de la maladie des antennes : les abeilles qui en
sont affectées paraissent, selon lui, lan-
guissantes, inactives et comme engour-
dies. M. Beaunier [2] estime, au contraire, qu'elles ne sont autre chose que
le pollen, qui reste souvent attaché sur
le corps des abeilles lorsqu'elles se sont
roulées dans les fleurs. D'après les recherches faites récemment par M. F. Rever,
propriétaire à Conteville, près Pont-Au-
demer (Eure), cette affection locale pourrait bien être le résultat de l'âge, ou mieux

[1] *Histoire naturelle de la reine des abeilles*,
chap. v, § p. 39 et 40.

[2] *Traité pratique sur l'éducation des abeilles*,
chap. xxxi, p. 271.

encore être produite par les sucs altérés ou nuisibles de quelques fleurs, dans le calice desquelles se seraient imprudemment précipitées des abeilles dont le sens émoussé ne leur aurait pas annoncé le péril d'assez loin ; ou peut-être encore n'être que la suite d'une lésion faite à la tête par l'insecte inadvertant, effrayé ou poursuivi, et l'extravasation de la gélatine destinée à l'entretien des parties écailleuses sur lesquelles on la voit.

Quoi qu'il en soit, et ce qu'il y a de certain, c'est que cette affection ne préjudicie en rien, du moins sensiblement, à la santé, à l'activité des abeilles. Les excroissances sont irrégulières, mamelonnées comme si elles provenaient de gouttelettes surajoutées de gomme ou de gélatine qui seraient épaissies par dessiccation. Aucune de ces excroissances ne paraissent mobiles au gré de l'insecte ; elles sont flexibles, et en même temps fibreuses, élastiques et coriaces. Une abeille qui, dans un accès de douleur et d'agitation, en avait saisi une avec ses mandibules, ne put l'arracher ni la tronçonner, malgré les efforts qu'elle faisait pour y parvenir.

Les excroissances sont toutes implantées au dessous des antennes et au-dessus des mandibules; si elles étaient produites par la présence du pollen, elles ne seraient point adhérentes; on pourrait les enlever facilement avec les barbes d'une plume. Celles que l'on reconnaît pour être d'une seule pièce, ou dont la masse résulte de l'agglomération de deux ou plusieurs tubercules, retombent toutes sur la bouche, et ne s'élèvent point comme les rameaux des excroissances à panaches.

Comme on le voit, les causes de ces excroissances ne sont point encore bien déterminées: il serait bon de faire de nouvelles observations, pour s'assurer si elles ne nuisent point au travail de l'abeille, et si elles ne sont pas dues à la piqûre d'un insecte, ou bien aux sucs altérés de quelques plantes.

Il y a encore plusieurs espèces d'abeilles telles que l'*abeille tapissière*, la *cardeuse*, la *maçonne, etc.*, toutes sauvages et solitaires, dont on admire l'industrie sans pouvoir en tirer du profit. Elles ne doivent pas entrer dans cet ouvrage uniquement consacré à la mouche à miel.

CHAPITRE II.

TRAVAUX DES ABEILLES.

Lorsque les ouvrières ont retrouvé une habitation, leur premier soin est de la nettoyer. Pendant qu'une partie s'occupe de ce travail, l'autre se répand dans les champs pour se procurer les matériaux propres à boucher les petits trous, les fentes, et ceux nécessaires pour établir les fondements de l'édifice. Les fondements sont en sens inverse des nôtres. Elles les commencent dans la partie supérieure, et suspendent les magasins et les nids de leurs petits au moyen de trois matières connues généralement sous le nom de *propolis*, mais que les anciens comme les modernes avaient su distinguer. Pline nomme la première matière du *comosin ;* c'est une drogue amère et fort tenace; la seconde se nomme *pissokéros*. Albert la croyait un mélange de cire et de bois. La troisième est la *propolis*. Cette der-

5

nière matière est une sorte de gomme ou résine d'un brun noirâtre ou rougeâtre, suivant qu'elle est nouvelle ou ancienne, et les lieux où les abeilles la cueillent. Elle durcit en vieillissant.

Ces dispositions faites, les ouvrières s'occupent de la fabrication des gâteaux ou rayons, qui se composent d'un grand nombre d'alvéoles.

Elles construisent les berceaux des enfants communs, et les magasins publics, en cellules, alvéoles hexagones, dont l'ensemble compose l'édifice élégant des rayons parallèles [1]. L'intervalle entre chaque rayon est de quatre lignes. Les cellules n'ont pas toutes la même grandeur : celles où doivent naître les reines sont situées au bord des rayons [2]; elles ont un pouce de long et trois lignes et demi de large en dedans ; leur paroi a une ligne et demie d'épaisseur. La forme ovale oblongue de ces alvéoles, très polis en dedans, qui sont couverts d'ébauches d'alvéoles d'ouvrières, leur donne une apparence de stalactite relevée, et annonce une destination particulière. [3] Les

---

[1] Voir Pl. I., fig. 5.
[2] Voir Pl. I., fig. 6.
[3] Voir Pl. I., fig. 7.

cellules des faux-bourdons sont plus spacieuses que celles des ouvrières.

A cette légère architecture, chaque abeille met tant d'activité, qu'un rayon commencé le matin, présente le soir 4,000 et plus d'alvéoles. Là, chaque ouvrière a sa fonction propre ; l'une prépare la cire, l'autre l'emploie. Elles sont suivies de contrôleurs qui réforment les constructions vicieuses, ajoutant à un pan trop faible, supprimant une saillie, évidant un angle trop plein. Des aides les accompagnent : l'une porte les matériaux qui peuvent manquer ; l'autre déblaie ceux qui peuvent nuire ; viennent enfin les inspectrices, qui visitent chaque alvéole ; elles y entrent en appuyant leur ventre sur les parois ; elles redressent les pans courbés s'il y en a, et donnent à tous ce doux et beau luisant qui y brille sur tous les sens.

SUITE DES TRAVAUX DES ABEILLES. — PONTE. — DU COUVAIN. — SA NOURRITURE.

Les abeilles ouvrières ont un instinct singulier pour prévoir le temps auquel la mère abeille doit faire la ponte, et le nombre d'œufs qu'elle doit déposer ; lorsqu'il surpasse celui des alvéoles qui sont faits, elles en ébauchent de nouveaux pour fournir aux besoins pressants ; elles semblent connaître que les œufs des abeilles ouvrières sortiront les premiers, et qu'il y en aura plusieurs milliers ; qu'il viendra ensuite plusieurs centaines d'œufs qui produiront des mâles, et qu'enfin la ponte finira par trois ou quatre, et quelquefois par plus de quinze ou vingt œufs d'ou sortiront les femelles.

La mère abeille distingue parfaitement les différents alvéoles ; lorsqu'elle fait la ponte, elle arrive environnée de dix ou douze abeilles ouvrières, plus ou moins, qui semblent la conduire et la soigner ; les unes lui présentent du miel avec leur trompe, les autres la lèchent et la brossent. Elle entre d'abord dans un alvéole la tête la première, et elle y reste pendant quelques instants ; ensuite elle sort, et y rentre à reculons ; la ponte est faite dans un moment. Elle en fait cinq ou six de suite, après quoi elle se repose avant que de continuer ; quelquefois elle passe devant un alvéole vide sans s'y arrêter.

Le temps de la ponte est fort long ; car c'est presque toute l'année, excepté l'hi-

ver. Le fort de cette ponte est au printemps. On a calculé que dans les mois de
mars et de mai, la mère abeille doit pondre environ douze mille œufs, ce qui fait
environ deux cents œufs par jour. Ces
douze mille œufs forment en partie l'essaim qui sort à la fin du mois de mai ou
juin, et remplacent les anciennes mouches qui sont parties de l'essaim ; car
après sa sortie, la ruche n'est pas moins
peuplée qu'au commencement de mars.

Les œufs des abeilles ont six fois plus
de longueur que de diamètre; ils sont
courbes. L'une de leurs extrémités est
plus petite que l'autre : elles sont arrondies toutes les deux. Ces œufs sont d'une
couleur blanche tirant sur le bleu ; ils
sont revêtus d'une membrane flexible,
de sorte qu'on peut les plier, mais cela ne
se peut faire sans nuire à l'embryon.
Chaque œuf est logé séparément dans un
alvéole, et placé de façon à faire connaître qu'il est sorti du corps de la mère
par le petit bout; car cette extrémité est
collée au fond de l'alvéole. Lorsque la
mère ne trouve pas un assez grand nombre de cellules pour tous les œufs qui
sont prêts à sortir, elle en met deux ou
trois, et même quatre dans un seul al-

véole. Ils ne doivent pas y rester, car
un seul ver doit remplir dans la suite
l'alvéole en entier. On a vu les abeilles
ouvrières retirer tous les œufs surnuméraires ; mais on ne sait pas si elles les re-
placent dans d'autresalvéoles. On ne croit
pas qu'il se trouve dans aucune circonstance plusieurs œufs dans les cellules
royales.

La chaleur de la ruche suffit pour faire
éclore les œufs ; souvent elle surpasse de
deux degrés celle de nos étés les plus
chauds : en deux ou trois jours l'œuf est
éclos ; il en sort un ver qui tombe dans
l'alvéole. Dès qu'il a pris un peu d'accroissement, il se roule en cercle ; il
est blanc, charnu, et sa tête ressemble à celle des vers à soie [1]. Le ver est
posé de façon qu'en se tournant il
trouve une sorte de gelée ou de bouillie
qui est au fond de l'alvéole, et qui lui
sert de nourriture. On voit des abeilles
ouvrières qui visitent plusieurs fois chaque jour les alvéoles où sont les vers.
Elles y entrent la tête la première, et y
restent quelque temps. On n'a jamais pu
voir ce qu'elles y faisaient ; mais il est à

[1] Voy. Pl. I., fig. 8.

croire qu'elles renouvellent la bouillie
dont le ver se nourrit. Il vient d'autres
abeilles qui ne s'arrêtent qu'un instant à
l'entrée de l'alvéole, comme pour voir
s'il ne manque rien au ver. Avant que
d'entrer dans une cellule, elles passent
successivement devant plusieurs ; elles
ont un soin continuel de tous les vers
qui viennent de la ponte de leur reine ;
mais si on apporte dans la ruche des gâteaux dans lesquels il y aurait des vers
d'une autre ruche, elles les laissent périr,
et même elles les traînent dehors. Chacun
des vers qui est né dans la ruche, n'a que
la quantité de nourriture qui lui est nécessaire, excepté ceux qui doivent être
changés en reines : il reste du superflu
dans les alvéoles de ceux-ci. La quantité
de la nourriture est proportionnée à l'âge
du ver : lorsqu'ils sont jeunes, c'est une
bouillie blanchâtre, insipide comme de la
colle de farine ; dans un âge plus avancé,
c'est une gelée jaunâtre ou verdâtre qui
a un goût de sucre et de miel ; enfin,
lorsqu'ils ont pris tout leur accroissement, la nourriture a un goût de sucre
mêlé d'acide. On croit que cette matière
est composée de miel et de cire que l'a-
beille a plus ou moins digérés, et qu'elle

peut rendre par la bouche lorsqu'il lui plaît.

Il ne sort du corps des vers aucun excrément : aussi ont-ils pris tout leur accroissement en cinq ou six jours. Lorsqu'un ver est parvenu à ce point, les abeilles ouvrières ferment son alvéole avec de la cire ; le couvercle est plat pour ceux dont il doit sortir des abeilles ouvrières, et convexe pour ceux des faux-bourdons. Lorsque l'alvéole est fermé, le ver tapisse l'intérieur de sa cellule avec une toile de soie : il tire cette soie de son corps au moyen d'une filière, pareille à celle des vers à soie, qu'il a au-dessous de la bouche. La toile de soie est tissue de fils qui sont très proche les uns des autres, et qui se croisent : elle est appliquée exactement contre les parois de l'alvéole. On en trouve où il y a jusqu'à vingt toiles les unes sur les autres ; c'est parce que le même alvéole a servi successivement à vingt vers, qui y ont appliqué chacun une toile ; car, lorsque les abeilles ouvrières nettoient une cellule où un ver s'est métamorphosé, elles enlèvent toutes les dépouilles de la nymphe, sans toucher à la toile de soie. On a remarqué que les cellules d'où sortent les reines ne servent jamais deux fois. Les abeilles les détruisent pour en bâtir d'autres sur leur fondement.

Le ver, après avoir tapissé de soie son alvéole, quitte sa peau de ver, et à la place de sa première peau, il s'en trouve une bien plus fine : c'est ainsi qu'il se change en nymphe [1]. Cette nymphe est blanche dans les premiers jours ; ensuite ses yeux deviennent rougeâtres, il paraît des poils. Enfin, après environ quinze jours, c'est une mouche bien formée, et recouverte d'une peau qu'elle perce pour paraître au jour. Mais cette opération est fort laborieuse pour celles qui n'ont pas de force, comme il arrive dans les temps froids. Il y en a qui périssent après avoir passé la tête hors de l'enveloppe, sans pouvoir en sortir. Les abeilles ouvrières qui avaient tant de soins pour nourrir le ver, ne donnent aucuns secours à ces petites abeilles lorsqu'elles sont dans leurs enveloppes ; mais dès qu'elles sont parvenues à en sortir, elles accourent pour leur rendre tous les services dont elles ont besoin ; elles les brossent, leur décollent les ailes, les débarrassent de

---

[1] Voy. Pl. I., fig. 9.

cette liqueur grasse dont elles étaient couvertes dans l'alvéole ; elles conduisent les nouvelles venues à l'entrée de la ruche, les obligent à voler dehors, à très peu de distance, les font revenir aussitôt plusieurs fois de suite ; et dans la matinée elles sont instruites de tout ce qu'elles doivent savoir. Aussi, dès l'après midi, on les voit aller à la provision dans la campagne, et revenir à la ruche chargées comme les anciennes.

DEUXIÈME PARTIE.

DU RUCHER, DES RUCHES, etc.

CHAPITRE PREMIER.

DU RUCHER ET DE L'ACQUISITION DES RUCHES.[1]

*Lieux où il convient de placer les ruches
et les ruchers.*

LES ruches ne doivent être placées que
dans les campagnes; il faut éviter la proximité des forges, des mines, des ateliers
bruyants, des fours, des chemins fré-
quentés et des lieux infects. On préférera
les endroits solitaires, paisibles et salu-
bres; le voisinage des rivières et des ruisseaux est avantageux. On y suppléera en
fournissant de l'eau aux abeilles, lorsqu'el-

[1] Mémoires de la Société d'agriculture du département de la Seine. — Bosc. — Delalauze. —
L'abbé Bien-aimé. —Gelieu.— Feburier. —Lombard.— Blake.— Huber.— Observations de l'auteur.

les sont trop éloignées de celle qui leur
est nécessaire. On conseille, pour cela,
de placer dans le voisinage des ruches,
des auges ou des grands vases remplis de
mousse; on verse le l'eau par-dessus; les
mouches pourront s'y rafraîchir sans
s'exposer à s'y noyer.

EXPOSITION QUI CONVIENT AUX ABEILLES.

L'exposition au midi est la plus favorable aux abeilles, ayant l'attention, dans
les pays septentrionaux, de garantir les
ruches des vents du nord, par un mur,
et par une haie dans les pays méridionaux; de tenir les ruches élevées de seize
centimètres (six pouces) au moins au-
dessus de la terre, de procurer de l'ombre
aux ruches placées dans un rucher, et de
couvrir de fortes robes de paille celles
qui sont en plein air. On préfère, dans
les contrées méridionales, l'exposition
du levant à celle du midi.

CONSTRUCTION D'UN RUCHER.

On a des faits qui prouvent que les ruches placées en plein air réussissent mieux que celles qui sont à couvert dans un rucher : cependant il est plus aisé de préserver les abeilles des intempéries de l'air, et plus commode pour les soigner, de réunir les ruches dans un rucher.

Le rucher est une espèce de hangar couvert en paille, en bois ou en tuiles, dont l'intérieur est divisé par rayons ou étages, formés de fortes planches, assez épaisses pour supporter le poids des ruches, et un peu en pente pour faciliter l'écoulement de l'eau. On divise le rucher en trois étages, le premier à un demi-mètre (18 pouces) du sol, et les deux autres à une distance proportionnée à la hauteur des ruches dont on fait usage ; elle est aussi d'un demi-mètre pour les ruches à hausses.

La profondeur de chaque étage sera d'environ un mètre (3 pieds) pour les ruches en cloche, à livrets, à la Gélieu et à hausses ; et d'un mètre trente-six centimètres (4 pieds) pour les ruches à tonneau et les ruches coupées. On laissera un mètre

(3 pieds) de distance entre le fond du hangard et les étages, afin de pouvoir circuler derrière. Au haut de chaque étage, on établira une planche pour servir d'auvent, et de manière qu'on puisse lui donner plus ou moins d'inclinaison, et l'ôter même à volonté; cette planche servira à garantir les ruches du vent, de la pluie et du soleil. Dans les pays septentrionaux, le rucher sera fermé sur les côtés, et garni sur le devant de portes ou de cloisons, qu'on ôtera au printemps; par ce moyen on empêchera les abeilles de sortir l'hiver, en les privant de lumière. Les ruches réussissent d'autant mieux qu'elles sont plus voisines de la terre; on ne garnira donc le troisième étage du rucher qu'autant qu'on y sera forcé par le manque de place.

ACQUISITION DES RUCHES.

La saison la plus favorable à l'acquisition des ruches, est l'hiver; il est facile alors de s'assurer si elles ont assez de provisions pour attendre la saison des fleurs.

Règles générales pour acquérir avec certitude :

1° Une ruche en cloche, ou en cône, doit peser, en hiver, dix à douze kilogrammes (vingt à vingt-quatre livres), celle qui pèse quinze à vingt kilogrammes (trente à quarante livres) est sans doute, préférable : au commencement de mars, elle doit peser sept kilogrammes (quatorze livres).

2° Si les abeilles sortent au moindre mouvement, ou font entendre un bruit prolongé, c'est une preuve que la ruche en est bien fournie.

3° Les vieilles ruches ont leurs gâteaux noirs-bruns, sur toute leur surface ; les jeunes ont leurs gâteaux bruns au milieu seulement, les bords sont blancs, légèrement jaunes.

4° Si la ruche est atteinte de moisissure, ou de vers, ou de fausses teignes, il faut la rebuter.

5° On ne peut donner rien de certain sur l'âge des abeilles, les habitants d'une ruche se renouvellant sans cesse.

6° L'espèce d'abeilles qu'on préférera, est celle qui est connue sous le nom de petite hollandaise ou flamande ; elles sont d'un jaune aurore luisant et poli ; ce sont les plus laborieuses, et celles qui se familiarisent le plus aisément : elles ne sont point pillardes comme les autres espèces.

7° Si l'on achetait des ruches au printemps, on pourrait être trompé par une fraude du vendeur, qui, vers la fin de l'hiver, rogne la partie inférieure des rayons des vieilles ruches; au printemps, les abeilles réparent ce défaut; la nouvelle cire est jaune, et la ruche passe pour être de l'année. On s'apercevra de la ruse, en observant que la couleur jaune tranche plus avec le noir que dans les jeunes ruches auxquelles on n'a pas touché. Il faut aussi prendre garde si le vendeur n'a pas assujetti une pierre dans le haut de la ruche avant d'y placer l'essaim, pour lui donner plus de poids ; enfin on doit s'assurer si la ruche est d'un pays à sarrasin ou à sainfoin ; on le connaîtra à la couleur du miel : celles du pays à sainfoin sont préférables, si on ne s'attache qu'à la qualité du miel.

TRANSPORT DES RUCHES.

La saison la plus favorable pour le transport des ruches est l'hiver, lorsqu'il gèle, que le temps est couvert. Si on les transporte dans le printemps ou dans l'été, on ne doit s'en occuper que la nuit, et si le transport n'est que de

deux ou de quatre kilomètres (une demi-
lieue ou une lieue), il faut les tenir fermées pendant quatre ou cinq jours ; sans
cela elles retourneraient à l'endroit d'où
elles viennent : on n'a pas cet inconvénient à craindre l'hiver. La ruche, pour
être transportée, sera placée sur une toile
étendue à terre, dont on relève les bords
autour de la ruche, pour la ficeler solidement.

Les ruches ainsi préparées, on les met
dans des paniers, la bouche de la ruche
en haut. Si dans les paniers on place deux
rangs de ruches, le dôme des ruches du
second rang reposera sur des planches,
dont on aura couvert les ouvertures des
ruches du premier rang. Toutes les ruches doivent être callées solidement, pour
éviter les secousses ; et c'est aussi pour
cela qu'on doit éviter, autant qu'on le
peut, de se servir de charrette pour le transport, et que les ânes sont préférables aux
chevaux et aux mulets : le mieux, lorsqu'on en a la commodité, est de les faire
voyager par eau.

Les ruches étant arrivées au lieu de
leur destination, si c'est l'hiver, on peut
tout de suite délier la toile, et les mettre
en place. Si c'est au printemps ou en été,

on ne délie la toile que le soir, ou de très grand matin. Si les abeilles sortent en grand nombre, on soulève la ruche au moyen d'un morceau de bois; l'air froid les oblige bientôt à rentrer.

PLACEMENT DES RUCHES, DES PLATEAUX, SURTOUTS, ETC.

Les ruches, avant d'être mises en place, doivent être visitées, pour ôter les rayons qui se sont détachés pendant le transport. On placera d'abord chaque ruche sur des plateaux ou tables. Ces plateaux sont en pierre, ou en bois, ou en plâtre. Ceux en bois sont préférables. Ils sont ronds ou carrés, suivant la forme des ruches, et doivent avoir quinze ou dix-huit lignes d'épaisseur, tant pour leur solidité que pour donner la facilité de creuser sur le devant une rainure de quinze à dix-huit lignes de large, sur six de profondeur à l'entrée de la ruche [1]; la largeur ordinaire des plateaux carrés doit être de seize pouces, et la longueur de dix-huit. Tous les bois peuvent servir, néanmoins le chêne est préférable, parce qu'il est lourd, qu'il n'est pas aussi bon

[1] Voy. Pl. 2, fig. 1re.

conducteur du calorique, et que conséquemment il conserve une température
plus égale. On pose les plateaux sur trois
supports s'ils sont ronds, et sur quatre
s'ils sont carrés. Ces supports sont des
pieux de deux à trois pouces de diamètre,
et de trois à quatre pieds de longueur,
suivant que le terrain est plus ou moins
humide [1]. On enfonce ces pieux en terre
de dix-huit pouces, les plateaux doivent
déborder les supports de deux pouces,
pour empêcher, autant qu'il est possible,
les rats, souris, mulots, etc. , de monter
dessus. On aura soin de tenir les tables à
un pied de terre au moins, afin que ces
animaux ne puissent y parvenir en sautant.
Quelques propriétaires d'abeilles mettent
aussi leurs ruches sur des chantiers composés de deux pièces de bois , placées
l'une devant l'autre , de manière que le
milieu de l'intérieur des ruches reste ouvert même pendant la mauvaise saison.
Dans les bonnes années , les abeilles prolongent leurs rayons entre les pièces de
bois formant chantier.

Si l'on place les ruches dans un rucher,
on fera en sorte qu'elles soient à soixante-

[1] Voy. Pl. 2, fig. 2.

sept centimètres (2 pieds) les unes des autres environ ; le second rang sera à un mètre (3 pieds) du premier ; chaque ruche de ce second rang sera placée vis-à-vis les espaces vides du premier rang , et ainsi des autres rangs ; c'est ce qu'on appelle en échiquier.

Les ruches , la porte exceptée , seront scellées tout autour sur leur support, avec de la boue , ou de la terre glaise, ou de la bouze de vache, mêlée avec de la cendre. La porte de la ruche doit être garnie avec une petite planche taillée en dents de scie ; ces dents auront seize millimètres (3 lignes) de hauteur, et seront espacées de six ou huit millimètres (3 ou 4 lignes) [1].

Des propriétaires ferment aussi les portes de leurs ruches avec une plaque de tôle [2]. Ils la divisent en 4 parties. La première A est vidée vers le bord , et présente quatre petites arcades de cinq lignes de hauteur chacune sur quatre de largeur. Son usage est destiné à donner passage aux abeilles , et à ne pas laisser entrer les souris. Lorsque la porte est de

[1] Voy. Pl. 2, fig. 3.
[2] Voy. Pl. 2, fig. 4

bois, il est utile de garnir le dedans de fer-blanc.

La seconde partie *B* est pleine de petits trous comme une râpe, pour donner de l'air aux mouches, sans qu'aucune puisse sortir. La troisième *C* est vide et percée entièrement pour laisser un libre passage aux ouvrières ; son usage est, dans la bonne saison, quand le nombre et la vivacité des abeilles les met hors d'état de craindre leurs ennemis. La quatrième *D*, entièrement pleine, les empêche de sortir, et les défend de l'air dans les grands froids. Ces plaques ou cadrans ont un trou au milieu ; on y pose une cheville ou un clou rond, et on les applique à l'entrée de la ruche. Ces cadrans sont mobiles, et tournent à volonté.

Chaque ruche, en plein air, sera garnie d'une enveloppe de paille ou de bois, qui descendra plus bas que son support. Cette enveloppe sert à les garantir de la pluie ou des grands froids [1].

[1] Voy. Pl. 2, fig. 5.

Méthode de LOMBARD *pour fabriquer les surtouts en paille.*

« Je prends, dit-il, successivement six poignées de paille de seigle, dont je remonte les épis autour de la main ; je bats chaque poignée au-dessus des épis, de la longueur de six à huit pouces ; je lie séparément chaque poignée avec une petite ficelle. Les six poignées battues et liées chacune séparément, je les réunis, et au milieu de ces poignées, je mets l'étui à tête creusée, de cinq à neuf pouces, comme l'exige la pointe des couvercles. Avec une corde moyenne, j'assujettis les six poignées autour de l'étui, au dessous de la tête ; alors je retire la ficelle des six poignées. Je prends un fil de fer, que l'on connaît dans le commerce sous le n° 16 ; je le place auprès de la corde moyenne qui réunit les six poignées ; je tords le fil de fer en réunissant les deux bouts. Je retire la corde, et, avec le manche de la tenaille, je tords encore le fil de fer du côté opposé aux deux bouts déjà tordus. Je remets la corde plus haut pour me faciliter le placement d'un second lien de fil de fer, que je tords comme le premier, de manière que la tête de l'étui se trouvant engagée dans les deux liens, la paille ne peut glisser. Je retranche avec une serpe la moitié de la longueur des épis; je retranche l'autre extrémité de la paille à environ deux pieds et demi, à partir du lien le plus bas; j'ouvre le surtout, et je le fixe sur la pointe du couvercle, au moyen de l'étui dans lequel cette pointe entre de la longueur de cinq pouces. Je tiens la paille assujettie dans le pourtour du surtout avec deux cerceaux attachés l'un sur l'autre; je coiffe le surtout avec un pot de jardin dont je bouche les trous, etc. Si l'on craint que la tête de l'étui ne glisse au-dessous du lien, il faut faire dans cette tête un trou dans lequel on mettra une broche de bois qui débordera de chaque côté. »

CHAPITRE II.

DES DIFFÉRENTES ESPÈCES DE RUCHES.

DES RUCHES SIMPLES.

On doit avoir pour but, dans la matière et dans la forme des ruches qu'on adopte, d'offrir aux abeilles un logement sain, commode et agréable, et de faciliter en même temps au propriétaire le moyen de profiter, sans danger pour lui, ainsi que pour les abeilles, d'une partie de leurs provisions. Les ruches qui réunissent ces avantages doivent être adoptées. On voit des ruches de différentes formes, des hautes, des basses, des carrées, des rondes, des plates, des simples d'une pièce, des composées. On en fait de toutes sortes de matières, de paille, de jonc, de bois, de terre, ce qui prouve que les abeilles travaillent partout, lorsque les saisons et les lieux leur sont favorables.

Pour mettre les propriétaires d'abeilles en état de faire un choix avantageux,

nous donnerons la description des princi-
pales ruches en usage, et nous mention-
nerons particulièrement celles qui nous
sembleront préférables.

RUCHES FAITES AVEC DES TRONCS D'ARBRES CREUSÉS.

Ces ruches, usitées dans quelques pays,
sont très bonnes pour les abeilles aban-
données à elles-mêmes au milieu des forêts, mais pour un cultivateur qui veut
tirer partie de ses mouches, ce sont les
plus mauvaises de toutes, attendu qu'on
ne peut pas facilement examiner l'état
de la ruche; que la récolte de la cire
et du miel est très difficile à faire, et
que les abeilles essaiment rarement dans
ces sortes de ruches.

RUCHES EN OSIER [1].

M. Bosc, à qui nous empruntons la
manière de construire ces ruches, pense
qu'elles peuvent durer huit ou dix ans lorsqu'elles sont ménagées. On fend en quatre, dit-il, jusqu'à un demi pied de son
gros bout, une branche de chêne bien
droite, de 15 à 18 lignes de diamètre sur

[1] Voy. Pl. 3, fig. 1re.

36 à 4o pouces de long. On écarte les quatre parties de 2o à 25 pouces à leur extrémité, et on les laisse sécher, soit librement, soit sur un moule qui les force à prendre une courbure vers le manche ; ensuite, au moyen d'autres morceaux de branches de chêne refendus qu'on a introduits successsivement entre les autres, on entrelace les rameaux des arbustes mentionnés plus haut et on forme un véritable ouvrage de vannerie. Ces ruches étant presqu'à jour, on est obligé de les enduire extérieurement de bouze de vache mêlée avec de la terre ou de la cendre; ce mélange se nomme *pouget*. On traverse ces ruches avec quatre baguettes pour soutenir les rayons.

RUCHES EN TERRE CUITE.

Selon M. Delalauze, pendant long-temps, on n'a employé que les ruches en terre cuite, en France; elles sont encore en usage dans les îles de l'archipel grec et les pays voisin. L'abbé Della Roca en donne la description suivante :

« La forme de ces ruches, dont la matière est composée de la terre cuite avec

laquelle on fait les vases ordinaires et la
brique, est ronde, et leur longueur d'environ trois pieds ; leur diamètre a environ un pied dans la partie extérieure qui,
en se resserrant, forme à l'une des extrémités, un fond de sept à huit pouces ; ordinairement le fond de ces ruches est
fermé ; mais on commence à les construire
ouvertes de deux côtés, et d'un diamètre égal dans toutes leurs parties. Autour
de l'ouverture il y a une espèce de baguette semblable à celle des marmites ;
elle doit être plus large, pour que le couvercle puisse bien fermer et s'y adapter
commodément.

« On fait trois ou quatre petits trous autour de la baguette, pour faire passer des
chevilles qui tiendront le couvercle. On
les enduit en dehors d'un vernis im-
pénétrable à l'humidité ; on emploie le
même vernis pour l'intérieur, mais seulement pour sa moitié dans sa partie inférieure.

« Comme cette ruche est couchée sur sa
longueur, la partie inférieure n'est pas,
comme dans celles d'osier, de bois ou de
pailles qui se placent droites, la moitié
de la ruche dans sa hauteur, mais bien
dans sa longueur ; de sorte qu'une des

moitiés de cette ruche formerait un demi-cylindre. La moitié supérieure de la ruche n'est point vernissée, mais cannelée, et les cannelures entrecoupées d'espace en espace. Les cannelures se font en demi-cercle sur la largeur de la ruche : on doit leur donner un pouce de large et laisser quatre lignes de distance entre elles.

« Les couvercles sont de même diamètre que les ruches et de la même forme, c'est-à-dire qu'ils forment un plateau rond. On fait une poignée dans le milieu de la partie extérieure : on place ces couvercles verticalement, à raison de la position horizontale des ruches.

« Ces couvercles peuvent être construits en terre cuite avec un bouton au milieu, ou en ardoise, en planches ou en fer-blanc ; les couvercles en planches et en fer-blanc doivent être vernissés.

« Les Grecs font autour du couvercle sept à huit petites entailles pour le passage des abeilles, à raison des fortes chaleurs. Dans les climats plus tempérés, une ouverture d'un pouce de haut sur six lignes de large peut suffire. Comme ils ont plusieurs ouvertures au lieu d'une, ils marquent le couvercle de manière à reconnaître le haut du couvercle, pour le mettre toujours dans la même position ».

La construction de cette ruche est, à peu de chose près, semblable à celle en paille de l'abbé Bien-Aimé, dont il sera question ci-après, page 67.

RUCHES EN BOIS.

La ruche en bois est une boîte composée de quatre planches qui ont trente à quarante-deux centimètres de largeur, (dix à quatorze pouces), sur quarante deux à cinquante quatre de hauteur; (quatorze à dix-huit pouces), et trois centimètres d'épaisseur (un pouce). Ces quatre planches sont clouées ensemble : une des extrémités est fermée avec une planche de même épaisseur, l'autre reste ouverte. Cette boîte ou ruche se pose sur une pierre ou une tablette qu'on nomme plateau [1] par sa partie ouverte ; elle se trouve alors fermée dans tous les sens ; mais on fait une entrée aux abeilles au bas de la ruche, au moyen d'une entaille de trois centimètres de largeur (un pouce

[1] Voy. Pl. 3, fig. 2.
[2] Voy. *Plateau*, page 42.

de large), sur un centimètre et demi de haut (six lignes de hauteur). On peut s'en dispenser en faisant le passage dans plateau.

L'intérieur de la ruche est traversé par quatre baguettes qui servent à soutenir et maintenir les rayons. On emploie pour la constructions de ces ruches, les bois les moins sujets à gerçer. Ce sont en général des bois blancs; ceux de pins on de sapins sont les meilleurs; leur odeur écarte beaucoup d'insectes. Ces ruches sont encore en usage dans quelques départements.

RUCHES EN PAILLE, EN CLOCHE OU EN CONE [1].

Les ruches en cloche sont des cylindres plus ou moins larges et hauts, dont une des extrémités se termine en demi sphére, et l'autre est ouverte.

Il y a plusieurs manières de faire les ruches en paille. Comme ces ruches sont très communes en France, nous décrirons les méthodes suivantes de les construire, après avoir parlé des matériaux nécessaires à cette construction.

Il faut se procurer de bonne paille de seigle qui n'ait été battue que sur un ton-

[1] Voy. Pl. 3, fig. 3.

neau; on en coupera les épis et on la peignera avec un rateau pour en séparer les feuilles ou fanes.

Il faut en outre de l'osier fendu comme pour lier les cercles des barriques, ou de la ronce commune, ou de la ficelle; on prendra de préférence de la ronce commune, parce que l'osier va toujours en se rétrécissant, qu'il est difficile de n'y pas laisser de bois en le refendant, et qu'il est souvent vermoulu dès la troisième année.

La ficelle se relâche dans les moments de sécheresse. La ronce commune est égale dans toutes ses parties, elle dure long-temps, et les vers n'attaquent pas son écorce, dont on détache facilement le bois. On donne deux ou trois lignes de large à ces liens, et on les effile par un bout.

Première méthode de faire les ruches en paille

Il faut, pour les commençants qui veulent faire les ruches en paille par cette méthode, un cerceau, et pour les bons ouvriers, un pied droit pour donner aux ruches les proportions qu'on désire, plu-

sieurs anneaux de fer ou de cuivre, de
quatorze à quinze lignes de diamètre,
un poinçon, et s'ils veulent laisser une
ouverture dans la partie supérieure, un
moule en bois tourné, de six pouces de
long, et du diamètre qu'ils veulent
donner à l'ouverture. On prend de la
paille qui n'a pas été mouillée, mais un
peu battue pour la rendre plus flexible ;
on la serre par une de ses extrémités avec
un lien qu'on tourne jusqu'à la longueur
d'un pouce ; on en fait ainsi un rouleau
aplati en commençant et rond ensuite ;
on replie ce rouleau sur lui-même en
spirale, et on le lie fortement en attachant le second tour au premier.

Pour cet effet, on fait tourner le lien
autour de la paille, du dedans au dehors,
de manière à ce qu'il l'enveloppe jusqu'à
son point de contact, avec le rouleau de
paille supérieur. On fait alors avec le
poinçon un trou dans ce rouleau ; ce trou
est placé dans sa partie inférieure, contre
le lien, et à sa droite on y insère le lien
par le bout effilé. Ce lien saisit environ
un sixième de la paille du rouleau, et la
partie du lien qui y correspond et qui
forme aussi une spirale. On le serre, on
le tourne ensuite autour du rouleau de

paille inférieur, et on continue à le lier au rouleau supérieur, et à le faire tourner autour de l'inférieur, jusqu'à ce que la ruche soit achevée. On augmente la quantité de paille à mesure qu'on avance, jusqu'à ce que le rouleau remplisse entièrement les anneaux dans lesquels on fait entrer la paille, tant pour égaliser le rouleau que pour maintenir la paille. Cinq à six anneaux au plus suffisent. Au sixième tour, le rouleau doit avoir le diamètre des anneaux.

On ajoute de la paille à mesure que l'ouvrage avance, jusqu'au dernier rang qui doit servir de base à la ruche. On cesse alors à en mettre, ou l'on n'en met que très peu, pour que le rouleau diminue insensiblement de grosseur, et se réduise presque à rien ; on aplatit le rouleau au dernier tour. Cette réduction est indispensable, afin de pouvoir poser la ruche bien verticalement.

Comme on a l'usage de faire un passage aux abeilles, en coupant un pouce de longueur au rouleau inférieur, et qu'il est cependant essentiel de ne pas couper le lien, on a l'attention de repasser deux fois le lien autour de la partie du rouleau où on veut former le passage ;

ensuite on omet un point en inclinant beaucoup le lien , lorsqu'on l'insère dans le rouleau supérieur. On le repasse deux fois au point suivant, et on peut ensuite couper le rouleau entre ces deux points, sans crainte de nuire à la solidité de cette partie de la ruche.

Pour ajouter un lien de ronce à mesure qu'on finit celui dont on se sert , quand le premier est presque achevé, on en prend un autre qu'on coule entre les rouleaux sous les deux derniers points du premier ; ensuite on couche également entre les deux rouleaux le bout du premier brin , sur lequel le second fait deux ou trois tours.

Si l'on désire laisser une ouverture dans la partie supérieure , après avoir lié un peu de paille , on fait un tour sur le moule, et puis on opère comme nous venons de l'expliquer ; mais on augmente la paille de manière qu'à la fin du troisième tour, ou au commencement du quatrième, le rouleau remplisse les anneaux. La position du rouleau en commençant, dépend de la largeur qu'on fixe pour la partie supérieure de la ruche ; l'angle que forme le second tour avec le premier est très obtus ; on le diminue ensuite plus

ou moins , suivant la largeur qu'on veut
donner à la ruche. Le cerceau ou le pied
droit indique le tour de la spirale où
l'angle doit se réduire à rien , et où le
rouleau doit être placé verticalement sous
l'autre. A mesure que l'ouvrage avance ,
on vérifie avec le cerceau ou le pied droit
pour s'assurer des dimensions , et lorsqu'on a l'usage de ce travail , le coup
d'œil suffit après une seule vérification.

Plusieurs fabricants de ruches s'écartent
un peu de la ligne verticale, et augmentent progressivement la largeur de la ruche , jusqu'à la base , même pour les ruches à deux pièces. Cette méthode, en
donnant deux ou trois pouces de large
de plus à la base de la ruche, la rend plus
solide sur le plateau, et elle est moins
exposée à être renversée par les coups de
vent. Nous conseillons donc de la suivre
pour les ruches d'une pièce, mais dans
celles à deux pièces, le corps de la ruche
et la calotte ou le chapiteau, la largeur
du haut du corps de la ruche doit être
égale à celle du bas, afin qu'on puisse
mettre deux corps de ruches, l'un sur
l'autre, si on le désire.

La ruche terminée, on fait, à la manière
des vanniers , une poignée à la partie su-

périeure de la ruche, soit avec de l'osier
ou tout autre bois souple, soit avec de
la ficelle à défaut de bois ; mais alors il
ne faut pas que la ficelle traverse entièrement les rouleaux, et passe en dedans,
parce que les abeilles pourraient la couper si elle les gênait. On place dans l'intérieur de la ruche, quatre baguettes en
croix.

Méthode d'après M. Bosc pour faire les ruches en paille.

Quand on veut faire une ruche en
paille, dit M. Bosc, on prend une poignée de paille mouillée ; on la tord en
forme de corde, d'un à deux pouces de
diamètre, en mettant une des extrémités
sous le pied, et on l'allonge en ajoutant
successivement de nouvelles poignées de
la même paille. Lorsqu'on a une certaine
longueur de paille, cinq à sept mètres,
(quinze à vingt-un pieds), par exemple,
on la contourne en spirale sur elle même
en l'élevant de terre jusqu'à environ quatre-vingt-dix centimètres (trente pouces), ou, pour plus de régularité, on en-
toure un moule ou une autre ruche également en spire, en en recommençant

par la base qui doit avoir soixante centimètres de diamètre (vingt pouces), on
arrête les deux extrémités de la spire avec
de petites chevilles, et on les laisse sécher. Le lendemain on coud l'intervalle
de la spire dans toute sa longueur, avec
de l'osier refendu, on fait un manche,
et la ruche est finie. On devra observer
que les dimensions de cette ruche sont
très grandes ; les ruches ordinaires n'ont
qu'environ la moitié de ces dimensions.

Méthode de Lombard pour faire les ruches en paille.

Pour opérer suivant la méthode de
Lombard, il faut un métier. C'est un
morceau de planche de bois de noyer
(à défaut on peut employer un autre
bois) d'environ deux pouces d'épaisseur
et quatorze pouces de diamètre. Cette dimension doit varier en raison de celle
qu'on veut donner à la ruche. On l'arron-
dira sur le tour et on le réduira de quatre
lignes. On creusera la planche d'environ
un pouce, en laissant au pourtour un
bord de dix lignes de large. Ce qui donnera le diamètre d'un pied d'un bord à
l'autre.

On fera un quart de rond en dedans et en dehors du bord. Au défaut d'un quart de rond, on marquera quarante-deux espaces qui donneront entre eux un pouce fort à chaque espace marqué par une vrille fine ; on fera un trou, et comme le lien qu'on emploiera pour faire le premier tour sur le métier sera plat, on fera passer dans chaque trou un petit fer rouge de deux lignes de largeur. Tel est le métier de Lombard. Il demande en outre qu'on se munisse des ustensiles suivants, qui sont utiles pour la plupart, quel que soit le mode qu'on emploie pour la fabrication des ruches en paille.

1° Un morceau de bois rond pour battre et amortir la paille ; 2° une serpe pour en retrancher les épis ; 3° un peigne ou rateau pour en démêler la paille et en détacher les fanes ; 4° un petit couteau pour aiguiser les liens qui doivent lier et assujettir les rouleaux de paille les uns sur les autres ; 5° un poinçon ou fer pointu pour ouvrir les passages à ces liens ; 6° une petite tenaille ou pince pour tirer les brins quand ils sont trop courts pour les serrer avec les doigts ; 7° des ciseaux moyens pour couper les brins inutiles ; 8° un pied ou autre mesure quelconque pour guider sur le dia-

mètre et la hauteur des ruches ; 9° enfin un
chevalet tel que celui dont se servent les
tonneliers, avec un couteau à deux mains
ou plane pour façonner les petits bois qui
entrent dans la composition des ruches.

On commence la ruche sur le bord du
métier en liant peu de paille d'abord, et
en l'augmentant successivement jusqu'à
la septième ou huitième maille, qui doit
être de la grosseur du rouleau. Les liens
doivent s'insinuer dans les trous du côté
intérieur du métier, de manière qu'en lui
faisant faire le cercle pour l'insinuer dans
le trou suivant, l'écorce du lien se trouve
extérieurement à la partie supérieure de
la maille, ce qui permet de le tirer fortement à soi.

Avant de finir ce premier tour et avec
un second lien, on attache une seconde
fois la paille en passant les liens dans les
échancrures faites sur le bord du métier,
de manière que ce premier tour en paille
se trouve lié deux fois quand on commence le second tour, qui se monte en
spirale sur le premier. On insinue un
poinçon dans la paille du premier tour,
de manière que le fer du poinçon fait x
avec les liens passés dans les échancrures ;
et, par ce moyen, les mailles des rou-

leaux inférieurs et supérieurs se croisent et se lient fortement en x.

Lombard se répète de la manière suivante : « Je prends un osier, j'en ôte la moelle, je le rends souple en le rétrécissant s'il est trop large, en coupant les nœuds, en taillant le plus gros bout un peu en pointe.

» Avec le poinçon je perce le rouleau inférieur au quart de son épaisseur, tellement que le poinçon doit faire x avec les liens mis dans les échancrures. Je prends le brin d'osier, j'insinue sa pointe dans le rouleau à côté de la lame du poinçon. L'osier ainsi placé, je le tire à moi dans sa longueur à douze ou quinze lignes près, que j'engage et cache entre les deux rouleaux. Je passe le poinçon dans la maille suivante ; et, faisant faire le cercle au brin d'osier, j'insinue sa pointe dans le rouleau, je le tire extérieurement, et la maille se trouve liée ayant l'écorce de l'osier en dessus.

» Je passe à la maille suivante, etc.

» Il faut à chaque maille insinuer le poinçon en droite ligne. Si on le faisait en plongeant ou en élevant la pointe, on ne conserverait pas le diamètre uniforme que doit avoir la ruche.

» Il faut, de plus, avoir l'attention d'espacer bien également ses mailles.

» On couche entre les rouleaux de paille les extrémités des liens que l'on emploie, et chaque fois que l'on voit que le rouleau diminue de grosseur, on écarte un peu la paille liée pour y en insinuer douze ou quinze brins. Celui qui fera la ruche aura sous la main un petit bâton du diamètre intérieur de la ruche, pour mesurer à chaque tour, afin de se maintenir dans le diamètre convenu.

» Quand on est au troisième tour, on coupe les liens qui passent dans les trous du métier; on ôte un à un tous les liens coupés; alors la ruche commencée se trouve entièrement séparée, et ce premier tour est lié par les liens passés dans les échancrures. On continue, etc. »

Telle est la marche de Lombard, qui, faisant sa ruche en deux parties, recommence deux fois l'opération sur le métier. Il termine la partie supérieure par une ouverture de quinze à dix-huit lignes de diamètre pour y placer un manche en bois tourné, d'un pied de longueur, diminuant insensiblement dans sa hauteur apparente, qui n'est que de dix pouces.

Le surplus, réduit d'épaisseur, se trouve engagé dans la paille du couvercle par deux baguettes croisées qu'on insère dans cette partie du manche.

Nous ferons mention de la ruche lombarde, en parlant de celles dites *composées*.

Ces ruches et les précédentes ont l'avantage d'être portatives ; on peut en les renversant sur le côté, connaître l'état de la cire, s'opposer aux ravages des fausses teignes ; on a la facilité de donner de la nourriture aux abeilles, de les changer de ruches et de réunir plusieurs essaims ; mais tous ces avantages sont détruits par de graves inconvénients : leur forme empêche qu'on ne puisse prendre une partie des provisions des abeilles ; on est obligé, lorsqu'on veut enlever la cire et le miel qu'elles ont amassé, de *transvaser*, (faire passer les mouches dans un autre ruche); cette opération toujours pénible pour la personne qui s'en occupe, entraîne quelque fois la perte de la totalité des abeilles. Les cultivateurs jaloux de conserver leurs ruches et d'accroître leur revenu feraient donc bien de renoncer à celles-ci.

RUCHE A TONNEAU [1].

Cette ruche de l'invention de l'abbé, Bienaimé, chanoine d'Evreux, est parfaitement ronde, et également grosse dans toutes ses parties. Elle n'a qu'un pied de diamètre dans œuvre, et deux pieds de long (ici les proportions sont nécessaires, et il faut les garder très soigneusement). Pour la bien faire et la faire promptement, il faut de la paille battue au tonneau, à peu près d'égale grandeur; la plus grande et non pas la plus grosse, est toujours la meilleure. La paille de seigle dont ont a coupé les épis, est celle qu'il faut prendre de préférence, parce que si on les y laissait, elle ne serait pas faite si proprement, et que d'ailleurs s'il y restait quelques grains dedans, les souris les endommageraient.

La ruche est composée de vingt-quatre bourlets d'un pouce de surface chacun. Quand le premier bourlet est formé, l'on en joint un second, qui est la continuation du premier. En prenant avec la coudre, à mesure qu'il se forme, la moitié du pré-

[1] Voy. Pl. 3, fig. 4.

cédent, ils se trouvent cousus très solidement ensemble, et ainsi des autres. Si chaque bourlet avait plus d'un pouce de
surface, ils seraient trop gros et bien
moins tissus. S'ils avaient moins d'un
pouce, la ruche serait trop chaude en été
et trop froide en hiver. Toutes ces proportions bien observées forment un tonneau d'une très grande solidité, auquel
on adapte à chaque extrémité, un fond
aussi fait de paille, de onze pouces de
diamètre, pour qu'il puisse entrer d'un
bout à l'autre, et principalement le fond
qui doit servir d'entrée aux abeilles. Au
milieu de chaque fond, il doit y avoir un
morceau de bois en forme de poignée,
pour les pouvoir poser et ôter plus facilement. Il ne faut, pour fixer chaque fond,
que trois petites chevilles de bois. Il faut
mieux fixer le fond opposé à celui par
où doivent entrer les abeilles, et l'enduire exactement comme le reste de la ruche, soit de chaux, de terre ou de fumier
de vache, et n'y point laisser d'ouverture, parce qu'elles s'occuperaient à les
boucher, et elles perdraient du temps ou
elles y laisseraient des chemins, ce qui
donnerait occasion aux insectes d'y entrer, et en ferait périr un grand nombre;

à l'égard du fond qui doit leur servir d'entrée, il faut lui laisser dans les deux derniers bourlets une ouverture d'un pouce et demi de haut, sur deux de large, et faire en sorte que les abeilles ne passent point ailleurs. Cette ruche ne présente aucun avantage qui puisse engager à l'adopter. Elle n'essaime que très rarement, et la récolte de la cire et du miel est loin d'être facile à faire : aussi a-t-on presque généralement cessé d'en faire usage, depuis plus de vingt ans.

RUCHES COMPOSÉES.

Ruches à hausses.

Pour obvier aux inconvénients des ruches en cloche, quelques propriétaires d'abeilles ont imaginé les ruches à hausse. Ces ruches, formées de plusieurs parties faites en paille ou en bois, qui ont chacune trois, quatre, cinq ou six pouces de hauteur, un pied de diamètre, et qu'on place les unes au-dessus des autres, sont bien préférables. Cependant on a remarqué plusieurs défauts à ces ruches, et on les a modifiées de diverses manières[1].

[1] On peut, avec d'anciennes ruches en cloche

Nous décrirons d'abord celle inventée par M. Palteau, et qui porte son nom, et nous indiquerons les modifications auxquelles elle a donné lieu.

Cette ruche en bois est une réunion de plusieurs cadres posés les uns sur les autres. Ces cadres ou segments ont trente trois centimètres (un pied) de large, sur neuf à douze (trois à quatre pouces) de hauteur, et un centimètre et demi (six lignes) d'épaisseur, si la ruche est dans un rucher couvert, ou trois centimètres (un pouce) si elle est en plein air. Ces dimensions doivent être augmentées dans les bonnes positions.

Chaque cadre a un fond composé d'une planche de un centimètre (quatre lignes) d'épaisseur. On fait à ce fond, mais seulement sur les côtés, plusieurs ouvertures de six centimètres (deux pouces) de long, sur un centimètre de large.

On pose ces cadres les uns sur les autres, et on met dessus une couverture de même matière, mais de trois centimètres

ou en cône, former des ruches à hausses, en les coupant en travers à quatre ou six pouces de hauteur, et en y assujettissant une planche mince avec une ouverture dans son milieu; ces hausses peu couteuses seront aussi bonnes que des neuves.

(un pouce) d'épaisseur. On maintient tous ces cadres, et on les lie ensemble au moyen de quatre clous pour chaque cadre, que l'on place deux de chaque côté, et de fil de fer recuit, auquel on fait faire deux tours du clou d'un cadre inférieur à celui du cadre supérieur. On peut remplacer le clou par des crochets ou des chevilles de bois.

Si on a fait une entrée aux abeilles dans le plateau, la ruche est terminée; dans le cas contraire, il faut en faire une à chaque cadre. Mais on ne laisse ouverte que l'entrée du cadre inférieur, et on bouche les autres.

On peut faire des ruches rondes à hausses en paille, en formant la ruche de plusieurs segments ou portions de ruche qu'on lie ensemble avec de la ficelle, de l'osier ou du fil de fer. Pour leur donner plus de solidité, on ajoute un rouleau de paille en dehors, dans les parties inférieure et supérieure de chaque segment, ce qui leur donne deux pouces de large aux points de jonction. On met un fond de bois à chaque segment, percé comme celui pour les ruches en bois, et on l'y attache avec du fil de fer. On termine la ruche avec une couverture en paille ou en bois.

RUCHES A RUCHETTES [1].

Cette ruche, fort commode, est faite avec des cordons de paille, ayant pour base un cercle de bois qui règle le diamètre de la ruche. Le haut de la ruche est terminé par un couvercle, aussi de paille, percé de manière à recevoir une petite ruche de même matière, mais moins haute, et de moindre diamètre que la grande. Cette ruchette a un couvercle en paille plein, que l'on peut enlever à volonté.

RUCHES A HAUSSES, DE TOM-WILD OU WILDMAN.

Cet anglais, que l'on appelait le père des abeilles, et qui s'en faisait réellement suivre, parcourut plusieurs pays, se donnant en spectacle. De retour à Londres en 1768, il publia un volume in-4° avec figures, dont le titre traduit porte : « Traité de l'éducation des abeilles, dans lequel on a inséré leur histoire naturelle, avec les méthodes

[1] Voy. Pl. 4, fig. 1re.

anciennes et modernes de les élever, en indiquant la meilleure [1]. » Cette méthode consiste en ruche et en hausses de paille. Lorsque Wildman voulait tailler ses abeilles, il ne faisait que glisser une coulisse en bois ou planchette sous la hausse supérieure pour l'enlever; cette planchette fermait par-dessus le reste de la ruche; il l'assujettissait avec une pierre ou un autre corps pesant; et de tout le système de hausses jusqu'à présent, c'est peut-être la manière la plus simple : mais elle rentre beaucoup dans celle de Jean de la Caille en 1690.

RUCHE A HAUSSES, ÉCOSSAISE.

Ici il est difficile de se décider entre la France et l'Angleterre. D'un côté, nous avons vu un peuple entier (les Écossais) cultiver leurs abeilles au moyen de ruches à deux corps superposés l'un à l'autre, dont celui du bas sert de hausse la première année, et de ruche la suivante; de l'autre, nous avons vu aussi Jean de la Caille (Français) nous donner, nous dessiner nous graver cette ruche. Tout bien pesé, nous nous déciderons pour lui en nous

___
[1] Voir le chapitre 9 : Bibliographie des abeilles.

7

rangeant de son côté, et nous le ferons par une raison qui nous paraît péremptoire. Si notre compatriote eût pillé l'Ecosse, il n'aurait pas manqué de le dire ; et telle est encore aujourd'hui en France la manie caractéristique, de ne rien trouver de parfait s'il ne vient de l'étranger : c'est l'anglomanie. Quant aux Anglais et surtout aux Écossais, leur habitude constante est de s'emparer des conceptions du génie, de se les approprier, de perfectionner le premier jet, et d'améliorer les inventions continentales à mesure qu'elles s'en éliminent, et surtout dès qu'elles éclosent : faits qui, malheureusement, ne sont que trop prouvés. L'Anglais, en général, n'invente pas : il perfectionne. Nous persisterons donc en faveur du méconnu Jean de la Caille.

RUCHE A HAUSSES, DE LA BOURDONNAYE,

ou

RUCHE ÉCOSSAISE RAMENÉE EN FRANCE [1].

C'est ici la troisième édition de cette ruche par filiation non interrompue. M. le comte de La Bourdonnaye, ancien procureur-syndic des états de Bourgogne,

[1] Fig. 3, pl. 4.

avait étudié, dans les Mémoires de l'académie royale des sciences, la manière
qu'emploient les cultivateurs abeilliers
écossais, pour rentrer leur miel et pour
empêcher en même temps la sortie des
essaims tardifs. Il y avait vu que ces cultivateurs donnaient, vers le mois d'août,
une hausse à la souche, dans laquelle les
mouches descendaient, ayant un plus
grand emplacement, et qu'elles le rem-
plissaient de gâteaux ou de rayons, sans
jeter davantage, jusqu'au printemps prochain. Après avoir communiqué ses ré-
flexions à la société d'agriculture de Bretagne, il fit faire en paille des ruches
rondes, aplaties par - dessus, et percées
supérieurement d'un trou d'environ deux
pouces, pour livrer passage aux abeilles.
Il glissait, sous d'anciennes ruches pleines
et bien *mouchées*, ses nouveaux paniers,
dans lesquels les abeilles descendaient en
y prolongeant leurs travaux. On lit, dans
l'Encyclopédie méthodique, édition in-4°,
premier volume d'agriculture, page 333 :
« Qu'on trouve, dans le Corps des observations d'agriculture de la société de
Bretagne, la description d'une ruche,
dite ruche écossaise, perfectionnée par
M. le comte de La Bourdonnaye. Deux
pièces, faites de rouleaux de paille, cha-

cune de douze pouces intérieurement, et de onze pouces de hauteur, la composent. Ces pièces ont un fond qu'on place en haut; celui de la pièce inférieure, qui sert d'appui à la pièce supérieure, est percé d'un trou de quinze à dix-huit lignes de diamètre. Quand les abeilles ont rempli celle du haut, elles descendent dans celle du bas; on enlève la première pour prendre le miel et la cire.....

» La première fois qu'on essaya, en Bretagne, la ruche écossaise, on en plaça une pièce sous une ruche ordinaire, en bouchant à celle-ci l'entrée par où les abeilles passent; l'ancienne ruche étant pleine, elles entrèrent dans la pièce écossaise, sous laquelle on posa une pièce de même construction, l'ancienne ayant été enlevée. Cet essai réussit à souhait, non-seulement chez M. de la Bourdonnaye lui-même, mais chez MM. de Monluc et de la Chalottais. »

RUCHE A HAUSSES DE RICOUR [1].

Nous laisserons parler ce cultivateur lui-même. « Ma nouvelle ruche, dit-il, est fort simple et d'un rapport considérable,

[1] Jardinier du baron de Poëderlé, à Bruxelles.

puisqu'on peut en recueillir le miel et la cire sans en faire périr les mouches. Il y a plusieurs années que je m'étais servi de la ruche en bois et à hausses de M. de Massac, mais toujours sans succès... J'ai donc imaginé celle dont je vais donner la description, qui, après deux ans d'essai, vient de répondre complétement à mon attente... Ma ruche est composée de deux hausses faites en paille comme les ruches ordinaires... en couvrant la hausse supérieure d'une planche, avec une pierre par dessus, pour tenir la ruche fermée.

» Chacune de mes hausses est de dix pouces de diamètre sur dix pouces de hauteur ; la hauteur de ma ruche est donc de vingt pouces.

» Dans le mois de mai 1781, j'y ai mis le premier essaim, seulement dans une hausse ; au mois d'avril 1782, j'ai placé une hausse sur la première ; la ruche m'a donné deux bons essaims, et en outre je lui ai ôté une des hausses pleine de cire et de miel... J'ai lieu d'espérer que ma nouvelle ruche me donnera chaque année une ruche pleine d'ouvrage en sus des essaims. » Le Mémoire de Ricour est inséré dans la Bibliothèque physico-économique, an-

née 1782 ou seconde année, page 233,
troisième édition; il y est accompagné
d'une planche qui, en trois figures,
donne le développement de la ruche de
Ricour.

Pour faciliter l'enlèvement de ses hausses, qui ne sont que des espèces de tam-
bours, Ricour les garnit, aux deux su-
perficies, de brins d'osier recroisés à large
voie, et engagés dans les boudins de
paille qui constituent le bord des hausses. Ces treillis lui servaient, lors de la
séparation, à soutenir les gâteaux, qui
alors ne se brisent qu'aux points de jonction des deux treillis. Il ne se servait
jamais de fil de fer pour opérer la scission
des hausses, et il dit de plus qu'il est indifférent par laquelle des deux on enlève
la cire et le miel. Mais, sur ce dernier
point, il est nécessairement en erreur, et
si on se servait de cette ruche, il faudrait soigneusement veiller à ne point
enlever la partie de la ruche qui renferme
le couvain.

La ruche de Ricour, d'une simplicité
extrême, n'est cependant encore que celle
de Jean de la Caille, des Écossais, et du
comte de la Bourdonnaye; et cependant
il est probable que ce jardinier, cultiva-

teur pratique, n'en avait aucune connaissance; il est trop ingénu, et paraît trop de
bonne foi, pour qu'on puisse le regarder
comme plagiaire. Du reste, sa ruche n'est
point à l'abri des souris et des rats, et
son sommet aplati en rend la défense
très difficile contre les atteintes de la
pluie.

RUCHES A HAUSSES, DE L'ABBÉ ÉLOI [1].

Si Ricour paraît n'avoir point eu connaissance de la ruche de Jean de la Caille,
ou écossaise, il nous semble encore qu'elle
fut aussi inconnue au grand-vicaire de
Troyes. Mais, en dernière analyse, ce
n'est encore qu'elle, peut-être améliorée
en ce qu'elle comporte autant de hausses
qu'on juge à propos d'en employer. L'auteur en empile jusqu'à sept de trois ou
quatre pouces de hauteur, et de douze à
treize pouces dans œuvre. Chaque hausse
a un seul fond de bois, percé de cinq
grands trous d'environ deux pouces de
diamètre, et de cinquante à soixante petits de huit à dix lignes. La ruche est sur-
montée par un fond sans trous, chargé
d'une pierre ou brique. A l'exception du

[1] Ancien Vicaire-général de l'évêché de Troyes.

nombre des hausses et de la nature de leurs fonds, Ricour et l'abbé Éloi se sont rencontrés : le mémoire de ce dernier, accompagné d'une planche, est inséré aussi dans la Bibliothèque physico-économique, année 1786, ou cinquième, tome premier, page 112. L'auteur y garda l'anonyme. Cette ruche fut adoptée par l'Encyclopédie; elle y est gravée dans la première livraison des planches *in-folio*, sous le titre d'économie rurale, et y est composée de quatre hausses debout, couvertes d'une tuile ou planche, chargées d'une pierre : on voit à côté d'autres hausses de rechange. L'explication est à la page 16 du même volume *in-folio*, édition de Paris.

Nous ferons cependant mention ici d'un moyen aussi facile qu'ingénieux, dont l'abbé Éloi se servait pour avoir un beau plat en nature de ses ruches. « Un agrément, dit-il, qu'on peut se procurer, est celui d'avoir de plus beau miel, en mettant un saladier ou un vase quelconque sur le fond de la dernière hausse. Ce vase couvrira parfaitement les cinq grands trous, et les abeilles y viendront former des rayons et déposer leur miel. On met le vase le jour qu'on a recueilli l'essaim, et quinze jours ou trois semaines après on peut le détacher, en introduisant un fil de laiton entre le vase et le fond. Il faut observer que le fond sur lequel on met le vase ne soit percé que de cinq grands trous, ou n'en faire qu'un grand de toute la largeur du vase. »

Indépendamment de l'écossaise, la ruche de l'abbé Éloi présente encore un bien grand avantage, celui de pouvoir choisir entre les hausses, les plus propres à être enlevées, et de récolter, pour ainsi dire, à volonté. Quant aux ennemis des abeilles, ils ont la même prise sur elles, et il nous paraît qu'en général, cet objet n'avait point encore été traité comme il devait l'être par les cultivateurs abeillers, quoique tous l'aient pris en grande considération.

RUCHES A FRAGMENTS, DE M. BEVILLE [1].

Ces ruches ont été décrites ainsi par leur auteur, dans son Traité de l'éducation des abeilles.

« De la manière dont mes ruches sont faites, dit-il, je suis le maître d'agrandir ou de diminuer leur logement, et c'est un des grands talents pour cette éducation, dont Palteau est l'inventeur.

[1] Pl. 4, fig. 3.

» Mais Palteau (qui écrivait en 1756) les faisait en bois exclusivement, avec des surtouts de bois. Je les ai expérimentées en bois, et de toutes les manières, et l'on peut dire que généralement elles réussissent dans des ruches de bois ; mais tout le monde ne peut pas faire des ruches dispendieuses, et que je déclare n'être pas meilleures que les ruches construites en osier, en troëne, et mieux en paille.

» M. de Boisjugan a fait, en 1771, un traité sur les abeilles et les ruches en paille, traité qui a son mérite, mais il ne divisait sa ruche qu'en trois parties, et moi je la divise en six parties comme Palteau.

» Or, en osier, en troëne, en paille, la construction d'une ruche n'est presque rien, et il n'y a pas un cultivateur qui ne puisse, dans la saison de l'hiver, quand les travaux de la campagne sont suspendus, ne pas s'amuser à construire lui-même ces petites habitations. Les usufruitières sauront bien le récompenser de ses peines.

» Il s'agit donc d'établir des portions de ruches qui puissent s'adapter les unes sur les autres, que les uns ont appellées *tiroirs*, d'autres *hausses*, et que j'appellerai, moi, *portions* de ruche ou *frag-ments* de ruche, pour composer une ru-che de la grandeur nécessaire.

» Le grand art est de proportionner la grandeur de l'habitation au volume de l'essaim; l'inconvénient des ruches ordinaires est de ne pouvoir ni augmenter ni diminuer la proportion de l'habitation que l'on emploie; si la ruche est trop grande, il n'y a pas de ressource, et souvent l'essaim est perdu pour avoir été trop spacieusement logé; il travaille en cire pour remplir sa ruche, et n'a pas le temps de faire ses provisions.

» Il faut encore proportionner la grandeur de l'habitation à la saison qui fournit les essaims.

» Les essaims que l'on récolte, depuis la fin de floréal (vingt mai) jusqu'à la fin de prairial (vingt juin) doivent être logés plus grandement que ceux qui viennent plus tard : les seconds essaims doivent être logés plus petitement que les premiers, et les troisièmes encore plus petitement, si on n'en réunit pas plusieurs ensemble.

» En général, l'essaim doit remplir, quand il est monté le soir qu'il a été recueilli, à peu près la moitié de la ruche.

Ainsi, si l'essaim ne remplit qu'un fragment, il n'en faut que deux ; s'il en remplit deux, il en faut quatre, cinq au plus pour les essaims hâtifs, et trois ou quatre au plus pour les tardifs ; parce qu'alors il faut plus de moitié en mouches, ayant moins de temps pour travailler : on ne risque rien au surplus d'en mettre plutôt moins que plus, parce qu'on en ajoute facilement s'il le faut, et en toutes saisons.

» Ayez donc des *portions* ou *fragments* de ruches en bois blanc, en osier, en troëne, ou en paille, de trois pouces à trois pouces et demi de haut, sur dix, onze pouces ou un pied de large ou de diamètre : je préfère onze pouces dans œuvre sur trois pouces six lignes de hauteur.

» Cinq, d'un pied de diamètre pour les forts essaims hâtifs, feront pour les environs de Paris une bonne ruche [1] ; dans les pays plus méridionaux, on en mettra six, sept et huit, et dans les pays plus au nord ou plus au couchant, quatre

---

[1] Elle contient plus de trois boisseaux, et les ruches ordinaires de dix-neuf pouces de hauteur sur quatorze pouces à la base ne contiennent que trois boisseaux environ.

ou cinq suffiront, sauf à en ajouter si on le croit nécessaire.

» On en fait de plus petite dimension (dix pouces) pour les essaims tardifs, qui viennent après le mois de prairial (vingt juin), ou pour les seconds essaims.

» On fera même mieux de ne composer la ruche, au moment de la récolte des premiers essaims, que de quatre portions ou fragments, et on n'ajoutera la cinquième partie qu'au mois d'avril, ou au commencement de mai de l'année suivante, à moins que l'essaim ne soit très fort, auquel cas on l'ajouterait en juillet: de cette manière, la ruche se forme par degrés, et à mesure que la population augmente.

» Ces portions de ruches ou fragments sont faciles à faire en osier ou en troëne : elles se font comme les ruches ordinaires. Pour peu que l'on ait l'intelligence de la vannerie, on les fait soi-même. On les garnit en dehors de bouze de vaches, mêlée avec de la cendre, et une petite quantité de terre argileuse ou de plâtre.

» En paille, la construction est aussi facile; vous remplissez un anneau, du diamètre d'un pouce, de paille de seigle ou de froment, dont vous supprimez les épis, et vous l'assujettissez avec de l'osier fendu ou de la ronce fendue, ce qui est mieux : vous tournez toujours sur votre moule de dix, onze ou douze pouces, en assujettissant à mesure le rouleau de paille sur celui inférieur. Il est nécessaire, préalablement, de plonger la paille dans de l'eau sans la laisser trembler, et la marteler de suite, comme font les rempailleurs de chaises. Vous mettez ces portions de ruches, ainsi construites, les unes sur les autres, et vous les adaptez les unes aux autres, ou avec des ficelles ou avec des osiers, chose facile à couper, quand vous voulez exploiter vos ruches, comme il sera dit ci-après. Tous les ouvriers en ruches sont en état d'établir ces sortes de ruches à un prix à peu près égal à celui des ruches ordinaires : j'en ai fait faire par des ouvriers qui n'en avaient jamais vues, et j'ai fait établir des fragments de ruches en paille par mon jardinier, qui n'a jamais fait d'apprentissage.

» On observera qu'il est indifférent que ces fragments de ruches soient ronds ou carrés : j'ai dit, en commençant, que la forme était parfaitement indifférente à l'abeille, mais il faut tenir son logement avec propreté, et ces soins ne sont pas considérables.

» On peut encore se servir des ruches en plusieurs parties, en les posant en long, comme un canon sur un affût. C'est le système de Della Rocca, mais je dois dire que j'ai été moins content de cette position que de l'autre ; je sais qu'en Suisse c'est la grande coutume : quatre planches clouées, posées sur deux tréteaux ou pierres, qui leur servent d'affût, forment leurs ruches, et on les récolte par devant et par derrière avec un couteau en forme de serpette par le bout ; mais ce qui est bon là ne serait pas bon aux environs de Paris, et encore moins dans le nord, où la mouche est moins nombreuse dans une ruche, et où elle a moins de temps pour faire ses provisions. Plusieurs personnes de ma connaissance ont expérimenté les deux manières, et conviennent que la ruche posée debout est préférable.

» Dans chaque portion ou fragment de ruche, il faut mettre une espèce de plancher à *claire-voie*, composé de cinq à six bâtons au haut de chaque fragment, et lorsque l'on arrange les différentes parties les unes sur les autres, on a soin de les mettre en sens opposé.

» Au fragment supérieur formant tête, est le plancher à *claire-voie*, qui facilite les premières opérations des abeilles; elles y attachent leurs premiers travaux, qui se trouvent successivement maintenus par les bâtons transversaux à chaque fragment formant cette espèce de plancher à claire-voie : il est mieux de mettre ces bâtons à six lignes environ de la partie supérieure de chaque fragment de ruche.

» Le dessus de la ruche, c'est-à-dire son couvercle, est tout simplement un bout de planche de bois blanc, ou autre, avec un trou au milieu, ou fait en paille, en observant un trou au milieu.

» Ce trou est peut-être l'invention la plus utile pour la conservation et l'exploitation des ruches.

» Pour leur conservation, parce que si l'on a des ruches qui n'aient point d'abondantes provisions, on leur administre du miel et du vin mélangés ou du sirop, avec une fiole renversée dont l'orifice est bouchée par un linge.

» Pour l'exploitation, parce qu'on introduit par ce trou la fumée pour faire descendre les abeilles, quand on veut leur

enlever une portion de leurs provisions,
en enlevant le premier fragment de la ru
che rempli de miel. »

DE L'ENVELOPPE OU COUVERTURE DE LA RUCHE A FRAGMENTS.

« Beaucoup d'auteurs recommandent de
serrer les abeilles l'hiver en lieu sombre
et sec, hors du bruit.

» Je conseille, moi, de les laisser en place
en plein air, non que les ruches ne puissent se transporter, même en toute saison, mais pour éviter l'embarras et les
risques : car on ne réussit pas toujours à
les renfermer, et moins les ruches sont
tracassées et mieux elles se portent ; c'est
assez de troubler un peu les abeilles lorsqu'il s'agit de les nettoyer, ou de prendre
une partie de leurs provisions.

» Mais je recommande ou un rucher
couvert en paille ou autrement, ou des enveloppes ou surtouts en bois, soit que les
ruches soient construites en bois, en
osier, en troëne ou en paille. Cette manière est la meilleure et n'occasione pas
une plus grande dépense.

» Quatre planches clouées ensemble,
n'importe de quel bois, et aussi rustique-

*

ment que vous le voudrez, avec une toîture qui empêche les eaux de pénétrer, soit en planches, en paille, en plâtre (de vieux plateaux par exemple), ou autrement, est ce que l'on peut faire de mieux. Ne vous inquiétez pas s'il y a des jours ou des trous; bouchez les vides avec de l'argile ou de la bouse de vaches, de la terre ou du plâtre pour empêcher que la pluie ne pénètre. On peut faire ces surtouts avec des douves de tonneaux clouées les unes sur les autres, ou clouées sur quatre morceaux de bois aux encoignures, comme se font les caisses de jardin; on peut même prendre de vieilles futailles gueulbées, hors de service, en les renversant sur les ruches, et garnissant le fond qui se trouve en dessus avec de l'argile, de vieilles planches ou du plâtre, pour que la pluie ne pénètre pas.

» Cette enveloppe, si grossière qu'elle soit, préserve les ruches des intempéries des saisons, les préserve de l'humidité dans l'hiver, communique à la ruche de la chaleur au commencement du printemps, accélère la pondaison de l'abeille pondeuse, dite reine, accélère par conséquent la sortie des essaims, et on n'oubliera pas que plus tôt l'essaim part de la ruche (en mai ou premiers jours de juin, dans les environs de Paris), plus il acquiert de force et plus la mère-ruche se répare.

» Vous engaînez cette enveloppe sur votre ruche, et la faites poser sur le plateau, que vous pouvez faire en bois ou en plâtre, et vous fichez des échalas autour, pour que les vents n'y causent pas de dommage en les renversant.

» Je n'entends pas cependant exclure les couvertures en paille comme elles se sont toujours faites; mais ayez soin de les renouveler, pour éviter *la fausse teigne*, surtout en octobre et septembre; les papillons, en cette saison, déposent leurs œufs abondamment dans ces couvertures en paille : je conseille la couverture en bois, parce qu'elle vaut mieux. »

RUCHES A LA GÉLIEU [1].

Les ruches à la Gélieu sont très commodes pour former des essaims artificiels : leur invention est due principalement à cet objet. Elles ont la forme d'une caisse qui, mesurée en dedans, a douze pouces de hauteur, neuf de largeur et quinze à dix-huit de longueur. Les deux premiè-

[1] Pl. 5, fig. 2ᵉ.

res dimensions ne doivent jamais varier ;
quand on veut rendre la ruche plus
grande ou plus petite, on peut augmenter ou diminuer la longueur. Les planches
qu'on emploie pour construire ces ruches
ont un pouce et demi d'épaisseur. Par ce
moyen, sans le secours des surtouts,
elles garantissent parfaitement les abeilles
de la grande ardeur du soleil et des froids
excessifs. Le miel n'est point exposé à
couler, ni la cire à se fondre lorsqu'il fait
très chaud : les fortes gelées ne le dur-
cissent point, comme il arrive dans les
ruches dont les parois sont fort minces.
Le couvercle est fait avec une planche de
même épaisseur que celles de la caisse, à
laquelle il est attaché solidement avec des
clous ou des chevilles ; la base de la ruche
n'est formée que par la table ou le support, ainsi que les ruches ordinaires. Sur
un des grands côtés de la ruche, qui doit
être placé sur le devant, on fait en bas, et
précisément au milieu, une entaille de
trois pouces de largeur, sur un demi-
pouce environ de hauteur, pour servir
de porte aux abeilles. La ruche étant con-
struite comme nous venons de le dire,
on la scie du haut en bas exactement par
le milieu, pour la diviser en deux parties

égales. Ayant bien pris le milieu avec la scie, une moitié de la porte doit se trouver dans chaque partie de la ruche. Cette division étant faite, on prend deux planches épaisses de trois ou quatre lignes, qui ont un pied en carré. On y pratique au milieu une ouverture carrée de trois pouces, qu'on peut faire ronde si l'on désire. On applique une de ces planches à chaque moitié de la ruche, pour fermer le côté qu'on a ouvert en sciant ; on l'assujettit avec de petits clous. Par ce moyen, chaque moitié de la ruche qu'on a sciée, prend la forme d'une petite caisse ouverte par le bas, telle que l'avait la ruche avant d'être divisée, avec cette différence, que les planches qu'on a ajoutées ne descendent qu'à la hauteur de la porte, de sorte qu'il reste environ un pouce de distance entre la table et la planche ; par conséquent, ces deux demi-ruches étant réunies, les abeilles peuvent communiquer aisément de l'une à l'autre par l'ouverture que laisse la planche en dessous, et par celle qu'on a pratiquée au milieu.

Pour former une ruche entière de ces deux moitiés, on met quatre fortes chevilles à chaque demi-ruche [1], en les en-

[1] Au lieu de chevilles, on peut se servir de pis

fonçant de manière qu'elles débordent en dehors d'un pouce et demi : on en place deux sur le couvercle, une sur le devant au-dessus de la porte, une autre sur le derrière ; et plaçant ces chevilles à deux pouces du bord des planches, qui pourraient se fendre sans cette précaution, on aura attention qu'elles se répondent exactement [de chaque côté ; c'est-à-dire qu'elles soient vis-à-vis l'une de l'autre, afin qu'on puisse les rattacher fortement avec de l'osier ou des côtes de noisetier. Ces deux demi-ruches étant réunies et attachés ensemble, forment une ruche aussi solide qu'elle l'était avant d'être sciée ;

tons à vis. On les place où l'on veut, et on les ôte de même. Au reste, ils ne sont guère utiles que dans les premiers jours de la réunion des demi-ruches ; les abeilles savent bien ensuite les contenir avec leur propolis.

Il serait encore à propos de pratiquer une petite fenêtre vitrée de quatre à cinq pouces de longueur sur trois de hauteur, sur le derrière de chaque demi-ruche, et à trois pouces de sa base ; elle serait fermée par un volet qui glisserait entre deux coulisses. Cette fenêtre serait très commode pour connaître le moment où il faut procéder à la séparation de l'essaim, et on éviterait l'inconvénient très grand de soulever la ruche pour savoir ce qui s'y passe.

les planches minces ajoutées, se trouvant adossées l'une contre l'autre, ne forment qu'un seul mur de séparation, qui n'ôtera point aux abeilles la facilité de communiquer dans les demi-ruches, puisqu'elles pourront y aller par l'ouverture du milieu, de même que par celle qui est en bas. Comme il est aisé de le remarquer, ces ruches sont doubles et peuvent facilement se diviser ou se réunir. Quand on les tient réunies, les deux moitiés n'en font qu'une. Les abeilles ont alors deux points de communication, l'un par le centre, et l'autre par le bas. Ne se doutant point de cette supercherie, elles passent sans défiance de l'une à l'autre moitié, lorsque la population devient surabondante. Quand on les divise, chaque moitié forme exactement une ruche particulière.

Un inconvénient grave qu'a observé M. Serain, c'est que lorsque la reine reste plusieurs années de suite dans le même côté, on ne peut alors le vider; la cire et le miel y vieillissent, les fausses teignes s'y mettent, et l'on n'a alors d'autre ressource que de transvaser la boîte. Malgré cet inconvénient, ces ruches ne doivent pas être rebutées.

RUCHE A LA BOSC,

MODIFIÉE PAR M. FEBURIER [1].

On donnera à cette ruche, composée de planches d'environ un pouce d'épaisseur, environ un pied de profondeur en dedans, et deux pouces de moins sur la largeur, ce qui la porte à dix pouces huit lignes de large en dedans. Le derrière de la ruche aura seize et dix-sept pouces de long, et le devant seulement quatorze pouces. Le devant et le derrière seront un peu inclinés, de manière à réduire la profondeur de la partie supérieure de la ruche à six pouces; mais la largeur restera la même. La couverture aura conséquemment un pied de largeur en dedans; mais comme elle doit recouvrir les côtés, elle aura près de quatorze pouces en dehors sur neuf pouces. Comme la couverture aura deux à trois pouces de pente sur le devant à raison de la différence de longueur du devant et du derrière, et qu'elle les recouvrira, les neuf pouces en dehors se trouveront réduits à six en dedans, profondeur de la ruche. Les côtés recouvriront le devant et le derrière; ils

[1] Voir Pl. 5 , fig. 3.

seront mobiles. On placera dans l'intérieur huit baguettes, parallèlement aux
côtés et dans l'emplacement des rayons;
elles traverseront l'épaisseur des planches de devant et de derrière, et on les
y maintiendra en enfonçant un petit coin
dans leurs extrémités. Ces baguettes, élevées de six à huit pouces, serviront à
soutenir les rayons et à empêcher l'écartement du devant et du derrière; à la
rigueur quatre baguettes pourraient suffire ou même deux, en les faisant fortes,
et en les traversant par une baguette plus
mince à angle droit. La ruche n'aura pas
de fond, et sera divisée sur sa largeur en
deux parties égales. On les réunira avec
du fil de fer, et on attachera les côtés de
la même manière. Pour cet effet, on place
à un demi-pouce du bord de la division,
au haut et au bas de chaque côté, un
clou ou une cheville un peu plus grosse
en dehors qu'en dedans. Les deux parties
de la ruche réunies, la distance entre
ces chevilles sera d'un pouce au plus. On
tournera autour du fil de fer en le croi-
sant, et lui faisant faire deux ou trois
tours. On conçoit que plus les chevilles
seront rapprochées, et moins les deux
parties de la ruche joueront.

9

On mettra sur le haut de la ruche deux poignées faites avec de la moyenne corde ; il faudra les rapprocher assez pour les prendre toutes les deux avec la même main ; il y en aura une sur chaque partie de la ruche. On fera dans la couverture, à chaque partie, deux ou trois trous placés entre les rayons, qui auront une ligne et demie de diamètre. On les bouchera avec une cheville assez lâche pour la retirer à volonté, et assez longue pour pénétrer d'une ligne au moins dans la ruche. Ces trous serviront à renouveler l'air et à faire sortir la fumée. Si on fait l'entrée dans le plateau, il sera inutile d'en établir dans la ruche. S'il n'y en avait pas, on ferait sur le devant et au bas de la ruche, une entaille de quinze à seize lignes de large, sur cinq à six lignes au plus de hauteur en dehors, et de neuf à dix en dedans.

On aura des portes de même largeur ; ces portes seront mobiles et s'attacheront avec un simple clou d'épingle placé au milieu.

Les planches seront blanchies en dedans, mais brutes en dehors, à l'exception de la couverture et, si les ruches sont à l'air, couvertes d'une ou deux

couches de peinture blanche à la colle ou
à l'huile. Cette couleur réfléchira mieux
la chaleur en été, et la retiendra plus
dans l'hiver. Les dimensions de cette ruche pourront varier suivant les cantons.
Les proportions établies ci-dessus sont
pour les plus petites; elles n'ont pas tout-
à-fait un pied cube; mais la largeur ne
pourra augmenter que dans la proportion de deux pouces huit lignes, cinq
pouces quatre lignes, etc., parce que la
largeur est calculée sur le nombre des
rayons, et qu'il faut seize lignes pour un
rayon, et la distance d'un rayon à l'autre.

On tracera dans chaque partie intérieure de la couverture, et à deux lignes du bord, du côté où elles s'unissent, un trait parallèle aux côtés. Lorsqu'on voudra se servir de la ruche,
on placera en dedans de ce trait un
morceau de rayon qu'on attachera à la
couverture avec du fil de fer (les abeilles
couperaient le fil de lin), qui passera dans
les trous pratiqués dans la couverture;
on aura l'attention de les mettre bien
perpendiculairement et le long du trait.

Ces morceaux de rayons ne toucheront
la couverture que sur deux ou trois
points. Pour cet effet, au lieu d'unir le

rayon du côté de la couverture, on le creusera un peu. Cette disposition est essentielle pour que les abeilles aient de la place pour attacher ces morceaux de rayon ; autrement elles détruiraient quelques-uns des alvéoles qui touchent la couverture ; et, dans ce travail, elles seraient exposées à déranger le morceau de rayon. Il est également utile de placer le morceau de rayon comme le font les abeilles, c'est-à-dire qu'il faut que les alvéoles aient le bord plus élevé que le fond ; si on les mettait en sens contraire, les abeilles, ne pouvant s'en servir, les détacheraient.

On peut compter que la première opération des abeilles sera d'attacher les morceaux de rayon, qu'elles prolongeront ensuite, et qui leur serviront pour la direction des autres rayons, de sorte qu'on pourra ouvrir la ruche sans rien briser, parce que les rayons étant parallèles aux côtés, et n'étant point établis sur le point de réunion des deux parties de la ruche, ne mettront aucun obstacle aux opérations.

« Cette ruche, ajoute M. Feburier, me paraît réunir les avantages des autres, et n'a aucun de leurs inconvénients. Elle est simple, sans division pour les abeilles, et d'une construction facile. L'épaisseur des planches y conserve une température assez égale. Son rétrécissement dans la partie supérieure, qui n'a que six pouces de profondeur, facilite le travail des abeilles, et comme les rayons n'ont que la largeur de la profondeur de la ruche, la chaleur y est concentrée, quoique la largeur de la ruche soit d'un pied, parce que les rayons ne sont pas dirigés dans ce sens.

»La pente de la couverture sur le devant détermine l'écoulement des vapeurs condensées du côté de l'entrée de la ruche.

»La mobilité des côtés et la division de la ruche en deux parties, fournissent les moyens de la nettoyer, de la visiter et d'en détruire les fausses teignes et leurs œufs. Comme elle n'a pas de fond, il suffit de la soulever un peu pour s'assurer si ces insectes destructeurs y ont pénétré, et pour nettoyer le plateau.

»Il est très aisé d'en récolter le miel, et elle est propre à former des essaims artificiels, parce que les abeilles, le couvain et le miel sont également répartis dans les deux parties de la ruche; elle a en outre l'avantage de mettre les abeilles à l'abri des attaques de leurs ennemis. Enfin, elle n'est pas trop chère, et ce n'est que dans les lieux où la paille est commune et le bois rare, que la grande différence du prix de ces deux matières pourra déterminer les cultivateurs pauvres à préférer celles en paille ; mais l'augmentation du prix sera bien compensé par la durée et les avantages que procure la ruche en bois. »

RUCHES COUPÉES.

Au lieu de placer les ruches les unes sur les autres, comme celles à hausses, ou de les mettre à côté l'une de l'autre, comme celles à la Gélieu, on place les ruches coupées les unes derrière les autres, de manière que ces ruches réunies en forment une longue d'avant en arrière. Cette ruche sera composée de plusieurs boîtes de dix à douze pouces en carré, de quatre à six pouces de hauteur, couverte en dessus, percée devant et derrière d'un trou rond ou carré de deux ou trois pouces de diamètre, pour qu'il y ait une communication entre les boîtes réunies, qui formeront autant de ruches particulières.

On conçoit que cette disposition doit réunir tous les avantages des ruches à hausses et des ruches à la Gélieu, qui sont celles qui méritent la préférence. On peut non-seulement les récolter avec facilité, mais encore s'en servir pour former des essaims artificiels; ces ruches doivent donc fixer l'attention des personnes qui ont pour but de tirer de leurs abeilles le parti le plus avantageux.

RUCHE VILLAGEOISE, dite LOMBARDE.

La ruche villageoise ressemble extérieurement à la ruche en cloche, la plus répandue dans les campagnes. Elle en diffère en ce qu'elle est en deux pièces [1]. Le corps de cette ruche B et le couvercle convexe A, doivent avoir ensemble seize à dix-huit pouces d'élévation. Le corps de la ruche et la base du couvercle doivent être d'un pied dans l'œuvre; le corps doit avoir environ treize pouces d'élévation, et le couvercle quatre à cinq pouces de profondeur seulement, parce que si on les faisait plus profonds, on y

[1] Voy. Pl. 5, fig. 4.

trouverait du couvain lors de la dépouille,
ce qu'il faut absolument éviter. Dans
l'intérieur, sans que cela nuise à la circulation des abeilles, on met pour séparation une planchette légère dans œuvre, bien à fleur du haut du corps de la
ruche, afin que les rayons du couvercle
ne descendent pas plus bas que la jonction des deux parties, qui tiennent souvent ensemble par la propolis que les
abeilles ont mise pour boucher la fente
qui s'y trouve. Cette réunion tient quelquefois tellement, que l'on est obligé de
faire passer un fil de fer, qui, glissant sur
la planchette, ne touche pas aux rayons
fermés du couvercle. Sous la planchette
traverse une baguette plate un peu solide,
qui doit être saillante de deux côtés, de
quinze lignes; elle sert à enlever la ruche des deux mains; l'entrée des ruches
doit avoir deux pouces de longueur sur
quatre à cinq lignes de hauteur.

La planchette de la ruche doit avoir
dix pouces de largeur en tous sens; on
scie les quatre carnes de manière qu'en
mesurant la planchette, elle ait un pied;
on la fixe avec des clous minces insérés
dans le rouleau supérieur de la ruche,

entrant un peu dans les pans. Les ouvertures que donne la planchette sont nécessaires pour la circulation des abeilles du haut en bas de la ruche ; elle sont utiles pour la descente le long des parois, de l'eau des vapeurs qui, pendant l'hiver, s'exhalent de la réunion des abeilles ; et pour le passage des abeilles lorsque l'on croit devoir les enfermer.

On doit avoir plus de couvercles que de ruches, pour en faire usage lors de la dépouille. Dix à douze couvercles de plus suffisent, parce qu'on les fait resservir après les avoir vuidés.

RUCHE DITE DU DÉPARTEMENT DES LANDES.

Cette ruche a la forme d'une cloche ; elle est d'une pièce, ayant vingt pouces de haut. Lombard, à qui nous devons la connaissance de cette nouvelle espèce, l'a divisée en deux parties, comme la ruche villageoise, afin qu'on puisse en récolter le haut et faire des essaims à vue. Le couvercle a quatre ou cinq pouces de profondeur, sur neuf dans l'œuvre ; le corps de la ruche a quinze pouces d'élévation, dont quatre à cinq du même diamètre

que le couvercle ; puis s'évasant insensiblement, de manière qu'à sa base elle a quatorze à quinze pouces aussi dans œuvre.

RUCHE A TROIS RÉCOLTES ANNUELLES DE M. DE MONTFORT [1].

La ruche à trois récoltes annuelles se
compose à volonté de deux ou trois pièces ; elles sont en terre cuite et revêtues
en paille tressée.

Pour former le corps de la ruche, on
prend des bouts de tuyaux ou espèces de
mouffles cylindriques en terre cuite, non
vernissés, et dont on se sert principalement à Paris pour des conduits, soit de
fumée ou de tout autre matière : nous
leur donnerons le nom de *manchons*. On
trouve toujours de ces manchons tout
prêts chez tous les potiers de terre de la
capitale ; et, sous tous les rapports, il
est très facile de s'en procurer partout
ailleurs, d'autant plus que des poteries
analogues peuvent les remplacer. On les
a adoptés en raison de leur forme ronde et
élevée, qu'ils sont d'une bonne proportion, ouverts aux deux bouts, s'emboî-
tant solidement l'un sur l'autre, solides

[1] Voir Pl. 6 fig. 1re.

et tellement économiques, qu'un de ces manchons ou corps de ruche ne coûte que quinze sous. Ils ont trois pouces de hauteur, compris l'emboîtement, sur dix de diamètre, ce qui laisse douze pouces de haut sur huit de creux dans œuvre. Ils portent dans leur partie supérieure une battée faite en gorge de tabatière ; elle est destinée à s'emboîter par superposition avec un autre manchon par la partie d'en bas, de la même manière qu'un couvercle coiffe la boîte ; cette gorge, de même que son enboîtement, porte trois trous, pratiqués à égales distances ; ces trous, qui sont percés horizontalement, ont un pouce et demi de long sur six lignes de haut ; dans l'usage ordinaire que l'on fait de ces manchons, ils servent à les rattacher tous les uns aux autres, parce qu'ils se correspondent exactement ; on leur donne le nom de *lucarnes*, ou de *créneaux* ; ces trous servent à observer les travaux intérieurs de la ruche. Tel est l'état où se trouvent ces manchons dans l'atelier du potier ; pour les convertir en corps de ruche, il ne s'agit que d'y pratiquer les créneaux et une entrée pour les abeilles. Cette entrée doit

se ménager à mi-corps dans une direction
non correspondante avec les lucarnes ou
créneaux : on peut la faire plus large ou
plus étroite, ou plus longue ou plus
courte, à volonté, et suivre à cet égard
les dimensions qu'on donne pour l'entrée et la sortie aux ruches ordinaires;
six lignes sur trois pouces suffisent; et
comme cette entrée ne se trouve pas encore faite dans le manchon lors de l'a-
chat, il faut la percer soi-même au moyen
d'une mauvaise scie un peu forte, la terre
n'en étant pas absolument dure. Du
reste, comme nous venons de le dire,
cette ouverture doit se faire à mi-corps,
et non pas dans le bas, parce qu'alors elle
est moins en prise aux teignes ou phalènes, qui s'introduisent assez facilement
dans une ruche, lorsque son entrée est
immédiatement sur le tablier ou appui. Par
la disposition que nous indiquons, l'entrée
de la ruche sera bien plus difficile; elle
nécessite une escalade, et comme en même
temps elle rend le pillage moins aisé, cet
emplacement ainsi choisi présente un
double but d'utilité; d'abord l'éloignement de la teigne, fléau des ruches, et
ensuite, la répression du pillage, parce

que les mouches pillardes ne trouvent
plus où se poser, et si quelques-unes entraient d'abord, elles seraient bientôt re-
poussées. Un autre avantage qui résulte
encore de cette position, est de se défendre d'elle-mêmes contre l'invasion des
souris, animaux dangereux et destructeurs des rayons et des abeilles.

A la même hauteur que l'entrée, et
dans la direction des lucarnes, on ménage deux petits trous ronds ou *œillets*,
six en tout, dont nous indiquerons l'u-
sage dans l'instant.

Le corps de la ruche étant ainsi disposé,
on le coiffera avec une petite terrine du
même diamètre, qu'on choisira aussi non
vernissée, pour que les abeilles puissent
marcher sur ses parois, et il en existe de
très commodes pour cet objet ; elles ne
coûtent que quelques sous, et portent
déjà le nom de *calottes*. Leur profondeur
ne doit pas excéder quatre pouces. C'est
le vrai moyen, lorsqu'on viendra à les enlever, de ne point endommager le couvain, qui se trouvera constamment et
toujours plus bas dans le corps de la ruche. On percera ces calottes de deux œillets ou trous sur leur bord, afin d'y faire
passer une petite traverse ou bâton. On

10

peut encore se contenter de ménager sur ce bord deux échancrures afin d'y loger cette traverse.

Ces deux pièces de poterie doivent être recouvertes de paille tressée et non boudinée, parce que, dans les soirées d'hiver, et lors des veillées, on peut fabriquer une bonne provision de ces tresses pour s'en servir au besoin, et que leurs rangs se cousent facilement les uns aux autres. En habillant le corps de ruche et la calotte, on doit ménager les ouvertures des lucarnes et créneaux de l'entrée, et rien n'est aussi facile, parce que l'on tient ces pièces sur ses genoux, et que l'on coud la tresse par dessus en tournant et la conduisant à son gré. On fera la tresse de telle grosseur qu'on le jugera à propos ; et dans sa confection, on peut se servir de paille, de genêt, de jonc, de sparte, et même de paille de pois ou *pesas* ; la couture s'en fait au moyen d'une aiguille courbe ou d'emballeur, et avec de la ficelle ou du gros fil en double. A Paris, de la tresse à paillasson, parfaitement bien faite, et propre à cet usage, coûte tout au plus un sou le pied, et on pourrait se la procurer à moins. Cette garniture s'appelle *chemise*, et on

observera que celle de la calotte doit déborder en dessous, afin de recouvrir la
gorge du manchon. Elle est contenue sur
la calotte par la petite traverse ou bâton.
À la rigueur, on pourrait se passer de ces
chemises, mais elles sont utiles pour
abriter la ruche, et la garantir de la casse
et de la gelée. En habillant la calotte, il
faudra y ménager une anse au sommet.
Un autre avantage qui résulte des manchons, c'est que, faits sur le même patron,
ils sont tous calibrés, jouent les uns sur
les autres, et s'emboîtent en s'empilant,
de façon qu'on peut en monter plusieurs les uns sur les autres, faire une
ruche colossale à la poitevine, si l'on
veut avoir des pièces de rechange toujours prêtes et propices, et qu'ils servent
de moule pour coudre la chemise sur la
pièce.

Quant à la gorge ou collet supérieur,
si on ne le recouvre ou n'habille pas avec
l'appendice en paille du sommet ou calotte, on peut laisser ce sommet en af-
fleurement du manchon, et garnir le collet avec une bande tressée, à laquelle on
donnera le nom de *diadème*. Il se noue
au moyen d'une ficelle, et peut se détacher à volonté, lorsqu'on veut voir par

les créneaux ou lucarnes de quelle manière s'avancent les travaux des abeilles.

Maintenant que le corps de la ruche est monté, passons à son ameublement intérieur ; il consiste en disques ou plateaux, les uns fixes, les autres mobiles à volonté, en trois petits montants et quelques baguettes de traverse, et dans toute autre modification qu'on le jugera à propos.

Celles que nous adopterons consisteront, 1° en une petite cage triangulaire en bois, assujettie avec du fil de fer recuit ; 2° en simple fil de fer recroisé ou maillé sur lui-même, deux méthodes qui s'adaptent aisément aux manchons, soit qu'on conserve leurs lucarnes supérieures, soit qu'on les convertisse en crénaux. Pour former la cage triangulaire, on prendra trois petits montants de dix pouces de haut, et que l'on puisse établir dans le corps de la ruche, précisément entre deux lucarnes en direction perpendiculaire, en les effleurant, et si l'on veut bien se rappeler des deux œillets que nous avons indiqués dans la même direction et à mi-corps, on sentira qu'ils n'y ont été placés que pour servir de passage à un fil de fer recuit,

destiné à être tordu et à contenir le montant en position. Ces fils de fer, en sai-
sissant les montants, doivent traverser
par conséquent le manchon et la chemise, et servir aussi à contenir celle-ci
et à l'empêcher de glisser sur le corps de
la ruche. Ces montants sont percés en
longueur de plusieurs petits trous, et
dès qu'ils sont fixés dans l'intérieur, on
passe diagonalement dans ces trous quelques petites baguettes ou brins d'osier,
disposés en étage et destinés à prévenir
la rupture des rayons.

Les disques ou plateaux intérieurs se
feront de plusieurs matières, et chacun
consultera à cet égard sa commodité.
Dans la ruche à lucarnes, les disques en
bois seront formés d'un ais de deux à
trois lignes d'épaisseur, arrondi conformément au diamètre intérieur de la ruche et percés dans son milieu d'un trou
rond de trois pouces de diamètre ou environ ; rien n'est aussi aisé que de clouer
ces disques sur les deux bouts, haut et
bas, des montants. Dès lors le manchon
à lucarnes est monté de sa cage, de ses
fonds, de sa chemise, et il est propre à
servir d'habitation solide aux abeilles.
En disposant les fonds, il faut avoir at-

tention à ce qu'ils ne passent pas le milieu de la hauteur des lucarnes ; parce
que, arrangés de cette manière, ces fonds
se couplent, se joignent deux à deux,
sans cependant tenir l'un à l'autre, et
que rien n'est plus facile, en glissant le
moindre ferrement par la lucarne entre
ces deux fonds, de rompre sans trancher,
pour ne jamais offenser la mère abeille,
les deux ou trois pouces de rayons qui
se trouvent au centre dans le passage
des fonds, manœuvre de l'exécution la
plus facile lorsqu'on voudra récolter,
dépouiller ou transvaser ses ruches. Le
disque du sommet ou calotte doit s'attacher au bâton ou baguette qui les traverse, et suivre lorsqu'on vient à les enlever.

Les disques en bois peuvent facilement
se remplacer avec de la paille, en la tres-
sant, la contournant et la cousant en
rond. Ces disques en paille s'attachent
aux trois montants, de la même manière
que ceux de bois.

On peut encore se servir pour plateaux
supérieurs de disques libres et formés de
terre cuite ; dans ce cas, ils poseraient sur
les sommets des montants.

Si, d'un autre côté, on ne voulait pas se

servir de montants ni de cage triangulaire, on passerait alors dans les lucarnes et sur les créneaux un fil de fer recuit qu'on recroiserait triangulairement ou en raquette sur lequel on attacherait ou scellerait les disques, soit de bois, de terre cuite ou de paille ; et pour empêcher le bris des rayons, il faudrait percer plusieurs trous dans le corps du manchon pour y faire passer quelques traverses ; trous, qui, d'ailleurs serviraient d'abord pour fixer la chemise, et qui permettraient ensuite d'introduire une sonde ou stylet dans l'intérieur, pour reconnaître l'état des travaux, et le moment précis de la récolte.

On voit donc qu'on peut se servir utilement de plusieurs matières pour former ses plateaux et disques, et qu'il est même facile de les faire alterner entre eux. Les disques de bois et ceux de paille admettent surtout plusieurs modifications, et il en est une entre les autres qui présente d'assez grands avantages pour être distinguée ; nous lui donnerons le nom de disque à *tenons*. Ce disque s'emploiera lorsque l'on convertira un manchon à lucarnes en corps de ruche à créneaux : sans cela, il suffit de disposer les lucarnes de la gorge ou collet supérieur en créneaux au moyen d'une scie, et de conserver les lucarnes intérieurement. Alors, en engageant un tenon ou un bout de latte dans chaque lucarne du bas, on appuiera et fixera sur eux le disque en paille ou en bois, et en superposant un manchon ainsi garni de son plateau à *tenons* sur un second à collet en créneaux, ces tenons s'y emboîteront d'eux-mêmes; ils serviront de point de saisie lors de l'enlèvement ou du transvasement, et la manœuvre entière s'exécutera à la minute.

Les plateaux en bois ont leurs avantages, parce qu'ils sont peu sujets à se casser, et d'une construction d'autant plus commode, qu'il suffit d'enlever un trait de scie à un arbre rond et d'un diamètre convenable pour le percer ensuite. Ceux de paille se tressent partout, se forment à l'instant, ne sont point sujets à se casser ni à se fendre, et sont d'autant plus économiques, qu'ils peuvent se faire, tout aussi-bien que les chemises, en sparte, jonc, genêt ou paille de pois, etc.; que, d'ailleurs, on a toujours assez de tresse en réserve pour en fabriquer à la minute. Ceux en terre sont sujets à la

cassure et assez lourds par eux-mêmes ;
il ne serait point non plus aisé de s'en
procurer partout ; mais aussi ils offrent
le plus grand de tous les avantages : placés dans le bas de la ruche, ils la ferment hermétiquement contre les attaques
des rats et des souris.

RUCHE A AIR LIBRE
DE MM. J. ET A. MARTIN, DE CORBEIL. [1]

La construction de cette ruche est fort
simple ; elle se divise en quatre parties mobiles superposées les unes sur les autres.
Chacune de ces parties se nommera *case* ;
chaque case est formée de deux tablettes
en bois blanc, de 3 lignes d'épaisseur, sur 11 pouces carrés de surface. Chaque tablette a un trou de 16
lignes carrées au centre ; ces deux tablettes sont réunies par quatre colonnes
en bois de 5 lignes de diamètre, sur
3 pouces 8 lignes de hauteur, fixées
entre les deux tablettes à distances
égales, et à 32 lignes des bords de
chaque face ; on assujettit avec un clou
d'épingle chaque extrémité des colonnes ; cet ensemble constitue une case.

On superposera quatre cases sembla-

[1] Voy. Pl. 6e, fig. 2e.

bles pour la formation d'une ruche
ordinaire. La correspondance des trous
doit parfaitement exister. On bouchera
celui qui sera tout-à-fait à la partie supérieure de la ruche, mais de manière à
ce qu'on puisse l'ouvrir et fermer à volonté. On maintiendra l'assemblage de
l'édifice au moyen de deux fils de fer
passés en croix sous la case inférieure,
réunis et serrés sur la case supérieure.
Dans la suite, les abeilles, en *propolisant*
les cases entre elles, en augmenteront
encore la solidité.

Le tout étant ainsi disposé, on enveloppe cet ensemble d'une simple toile,
en laissant libre une des faces de la case
inférieure; c'est par où l'on devra introduire l'essaim, après quoi on le renfer-
mera, en ménageant toutefois une petite
ouverture, pour que les abeilles puissent
entrer et sortir librement.

L'essaim introduit se comporte là
comme partout ailleurs; il cherche à établir les fondements de ses gâteaux. Les
parties latérales de cette ruche ne lui
offrent guère de sécurité; aussi n'est-ce
pas là qu'il commence d'abord; c'est
vers le centre de la case où il se trouve;
bientôt il envahit la seconde, ensuite la

troisième, et enfin la dernière. Dans les années favorables, c'est l'affaire de huit à dix jours; on peut alors enlever totalement la toile, qui ne tiendra que très légèrement aux gâteaux; on le pourrait également au bout de quelques jours, mais on risquerait de voir les abeilles se porter d'un seul côté, ce qui offrirait un travail irrégulier : si, comme le conseillent MM. Martin, on attend que toutes les cases soient à peu près remplies, alors la ruche présentera un ouvrage régulier qui se continuera dans le même ordre.

Ainsi mises à l'air libre, les abeilles continueraient tranquillement leurs travaux, si l'état de l'atmosphère était toujours calme et exempt de tout ce qui peut nuire essentiellement à ces insectes; car on conçoit que, malgré la dénomination de ruche à air libre, il faut cependant la mettre à l'abri de l'intempérie des saisons; les abeilles ne résisteraient certainement pas à l'ardeur du soleil de certains étés, ni aux gelées des hivers, pas plus qu'aux ouragans et aux pluies, etc. On devra donc remplir les conditions nécessaires, même aux autres ruches, pour les garantir de ces incommodités, et leur faire un surtout.

D'abord, les ruches seront placées chacune sur un plateau ou tablier large de 23 pouces 10 lignes. Elles ne devront pas porter immédiatement sur ce plateau ; on les exhaussera sur quatre petites cales qui s'élèveront à 23 lignes environ, du niveau du tablier. Il y a un avantage à ne pas multiplier ces supports, c'est celui de pouvoir clairement enlever tous les insectes qui habituellement se nichent entre ces sortes de point d'appui. Les abeilles elles-mêmes font souvent seules ce service.

Toutes ces conditions remplies, dès qu'un essaim est reçu et placé sur son tablier, on devra aussitôt l'affubler de son surtout [1]. Pour le faire, on prendra deux cercles de tonneaux, dont on changera les formes pour leur donner celles de deux *arches*, que l'on mettra en croix, l'une par-dessus l'autre ; on les attachera ensemble à la partie supérieure, avec un fil de fer. On maintiendra l'écartement des tiges, au moyen de deux autres cerceaux ronds, placés horizontalement dans l'intérieur ; ces deux cerceaux seront solidement attachés à cha-

[1] Voy. Pl. 2, fig. 7.

que tiers de l'élévation des tiges. Cette espèce de cage, qui devra avoir 15 pouces de diamètre, en aura 23 de hauteur, et sera recouverte de paille. Pour cela, on prendra de la paille droite et non rompue, on l'attachera par petits paquets, de la grosseur du pouce, autour du cerceau le plus inférieur; ces petits faisceaux de paille seront serrés le plus près possible les uns des autres. Lorsque le tour sera garni, on réunira ensemble, à la partie supérieure, toutes les sommités de la paille, que l'on serrera fortement. Ce surtout bien conditionné sera peu dispendieux et de longue durée; lorsqu'on en recouvrira une ruche, on mettra un cerceau par dessus, que l'on descendra presque jusque sur le tablier.

Dans la belle saison, il faudra multiplier les issues que l'on pratiquera dans les surtouts, non-seulement pour établir des courants d'air, mais offrir aux abeilles plusieurs entrées. On a remarqué que les ouvertures supérieures sont très fréquentées par elles.

On voit, par tout ce qui précède, que cette ruche est peu dispendieuse et facile à construire; il n'est personne qui, avec un peu d'adresse, ne puisse

soi-même la confectionner entièrement.
On voit aussi qu'il est facile de remédier à tous les accidents qui pourraient
s'y rencontrer; il ne s'agira que de soulever le surtout pour reconnaître l'état
précis dans lequel elle se trouve.

RUCHES

Construites selon la méthode pratiquée en Suisse et dans plusieurs parties de l'Allemagne.

Comme ceux qui élèvent les abeilles
sont quelquefois bornés dans leurs
moyens, et qu'ils fabriquent toutes
leurs ruches, voici, en peu de mots, la
manière dont ils peuvent imiter à très
peu de frais, celle dont nous venons de
parler. Ils pourront faire des paniers de
paille ou d'osier qui n'aient que le simple
cercle ; ils ne leur donneront que cinq
pouces de hauteur. Il faudra que chaque
hausse ait le même diamètre du haut
en bas, et qu'elles soient toutes aussi
égales qu'il sera possible, afin qu'étant
mises les unes sur les autres, elles puissent se soutenir presque par elles-mêmes,
et ne pas défigurer la ruche. Il est facile de

parvenir à cet égalité si nécessaire, en laçant les cordons de paille sur le même moule, auquel on donnera environ un pied de diamètre : on mettra au milieu de chaque hausse une traverse en face de la petite porte. Il est essentiel que toutes les hausses en aient une, l'ouvrier doit la faire aussi exacte qu'il pourra. On aura soin qu'elles aient deux pouces de largeur, et trois à quatre lignes de hauteur, parce qu'on peut y adapter des petits morceaux de bois, pour la rétrécir dans certains cas nécessaires. Rien n'empêche que le couvercle de la ruche ne soit aussi de paille ; mais il ne faut pas qu'il soit en dôme, parce que l'on a trop de peine à couvrir les ruches, pour les garantir de la pluie et du soleil. Il serait donc à désirer qu'il fût plat, afin que l'on pût couvrir aisément chaque ruche avec un bout de planche, et que la pierre que l'on met dessus, pour empêcher qu'elle ne soit emportée par les vents, puisse être ferme et stable. On voit quelques ruches couvertes avec de grandes plaques de plomb ; mais elles sont trop dispendieuses. Il conviendra que le couvercle de paille ait un tour de cordon de paille qui lui soit perpendiculaire, afin d'embrasser exactement la hausse supérieure, comme le couvercle d'une boîte quelconque. Pour unir les différentes hausses, il faudra que les bâtons qui les traversent sortent tous d'environ un pouce, afin qu'on puisse les lier avec de bonnes ficelles, observant de lier la première hausse avec la seconde, celle-ci avec la troisième, etc. ; par ce moyen, on ne sera pas obligé de délier toute la ruche, lorsqu'on voudra enlever une hausse.

On pourra encore réunir très solidement les différentes parties de ces ruches, en passant des ficelles ou des morceaux d'osier d'une hausse à l'autre avec un poinçon : on noue pour lors ces ficelles, et la ruche ne saurait être ébranlée dans aucune de ses parties. Les traverses sont cependant préférables, parce que les bouts qui sortent de la ruche, servent encore à la manier et à la tourner comme on désire.

Il ne manque à ces ruches de paille qu'une petite ouverture pour voir les progrès des abeilles. On peut cependant en pratiquer à chaque hausse : on la tient bouchée avec un petit morceau de bois ; lorsqu'on veut regarder dans la ruche, on aura un morceau de verre que l'on place sur l'ouverture dans l'instant qu'on la débouche, on n'a plus rien à craindre de la fureur des abeilles. On est en usage, dans plusieurs cantons de l'Allemagne, de mettre ces ruches dans des caisses de sapin, que l'on ferme pendant les grands froids : elles servent de surtouts.

Ceux qui travailleront aux ruches de paille doivent avoir une provision de cotons de coudrier ou coudre, semblables à ceux dont on se sert pour faire des paniers. On les lève en faisant une entaille profonde avec un couteau vers le gros bout de la branche de coudre que l'on vient de couper; on plie ensuite cette branche sur le genou, le coton se détache de la coudre de la largeur de l'entaille qu'on a faite en premier lieu. Les plus longs sont regardés à juste titre comme les meilleurs. On peut lever ces sortes de liens pendant toute l'année ; on les conserve en paquets ronds, que ceux qui travaillent aux ruches doivent faire bouillir dans de l'eau lorsqu'ils voudront les employer, soit pour les rendre plus souples, soit pour les blanchir. Il faut qu'ils soient aussi larges et aussi épais à un bout qu'à l'autre. L'ouvrage dans lequel ils seront employés deviendra alors plus parfait : on enfile ces cotons dans un poinçon plat, après en avoir taillé en pointe un des bouts. La coudre, nommée mancienne, est celle qui fournit les plus beaux cotons. Les branches de viorne fendues en deux peuvent suppléer aux cotons de coudre ; lorsque les ouvriers seront munis de ces liens, ils prendront de la paille de seigle environ de la grosseur qu'ils voudront donner à leur cordon ; ils l'entortilleront ensuite avec ces cotons dont on vient de parler. Il faut qu'ils observent en même temps d'employer la paille par le gros bout, afin d'entretenir le cordon dans la même grosseur.

Il est constant, par le moyen que nous venons d'indiquer, que ces ruches coûteront peu aux pauvres habitants de la campagne ; il faudra seulement un peu plus de façon : au lieu de construire des ruches d'une seule pièce, elles seront de trois, et le couvercle pourra s'en séparer. Ce travail, qui n'exige qu'un peu plus d'attention, deviendra bientôt une routine ; comme il ne demande que peu de force, les femmes et les enfants y seront propres '.

* Abhandlungen und erfahrungen der œcono-

RUCHE DE BLAKE.

On se sert de cette ruche avec succès en Amérique. Elle consiste en une caisse carrée, dont la partie supérieure est un couvercle à charnière. Aux deux tiers environ de la hauteur de la caisse, se trouve une cloison horizontale formée par de petites barres écartées seulement de trois lignes les unes des autres. Sur cette cloison, on pose perpendiculairement des boîtes carrées, sans fond, en forme de tiroir, et dont le nombre est calculé de manière à remplir tout l'espace au-dessus de la cloison dont nous avons parlé. Ces boîtes mises en place, on rabat le couvercle de la caisse; et, lorsqu'on veut récolter le miel, on enlève une partie de ces tiroirs au moyen de petits anneaux

mischen Bienengesell shast in Oberlausitz, von Jahr, 1766, zur aufnahme der Bienenzucht in Sachsen Hereaus gegeben : ou, *Expositions et expériences économiques de la Société des Amateurs des Abeilles, dans la Haute-Lusace, pendant les années 1766 et 1767, pour les progrès de l'éducation des Abeilles, en Saxe, et autres pays voisins*, un vol. in-8°, *à Dresde*, chez Walther, 1766 et 1767.

adaptés à leur partie supérieure, et on les remplace par d'autres.

CUVIERS ET TONNEAUX.

Duhamel rapporte, dans les *Mémoires de l'Académie des sciences*, année 1754, que le curé de *Tillet-le-Hameau* ayant placé un fort panier d'abeilles sur le fond d'un cuvier renversé et troué, les mouches remplirent tellement le cuvier de gâteaux épais, dont les alvéoles profonds ressembloient à des tuyaux de plumes, que le sieur Dubois, qui l'acheta du curé, retira cinq à six livres de cire, et quatre cent vingt livres de miel. Aux États-Unis, on loge les abeilles dans de petits tonneaux à farine. Ces espèces de ruches réussissent dans de bonnes années.

RUCHES A EXPÉRIENCE.

RUCHES PLATES EN VERRE [1].

On a inventé, dans le dernier siècle, une ruche assez commode pour faire des expériences sur les abeilles. C'est un cadre de un pied et demi à deux pieds de hauteur, sur un pied à dix-huit pouces de large.

[1] Voy. Pl. 6, fig. 3.

Les montants dont il est formé doivent avoir deux pouces d'épaisseur sur dix-huit lignes de large. Cette largeur, suffisante aux abeilles pour y construire un rayon , forme presque tout l'intérieur de la ruche ; la partie inférieure du cadre est mobile.

On applique de chaque côté de ce cadre un autre cadre , dans les mêmes proportions, à l'exception de l'épaisseur qui ne doit être que de six lignes. Comme le premier cadre a deux pouces d'épaisseur, il faut que les bois des autres aient deux pouces de large. On fait à ces deux cadres une feuillure en dedans, pour y adapter un verre que le bois déborde de une ligne, afin de pouvoir y placer le mastic et les pointes nécessaires pour maintenir le verre. Ce rebord augmente la capacité de la ruche de deux lignes ; ainsi elle en a vingt , douze pour les rayons, et huit pour les passages devant et derrière le rayon. Ces mesures sont de rigueur ; mais on pourrait plutôt les réduire de une ligne que de les augmenter, parce qu'alors les abeilles travailleraient contre le verre.

Les cadres s'attachent avec des charnières d'un côté, et des crochets de l'autre, ou avec du fil de fer.

On peut pratiquer une entrée aux abeilles en faisant au milieu de la partie inférieure des cadres une entaille de un pouce et demi de large, sur six de hauteur. Cette entaille doit être en talus dans le cadre du milieu ; le verre ne recouvrant par cette entaille, il y a nécessairement une entrée par devant et par derrière. On les ferme à volonté par des portes qui entrent à coulisse dans les cadres des côtés, et qui s'appliquent directement contre le verre. L'entaille faite aux cadres de recouvrement, doit être couverte par un morceau de verre ou de bois, qui ne laisse par dessus que le jour nécessaire au passage de la porte.

Cette ruche est couverte d'un surtout en bois qui pose sur le plateau : il a huit pouces de profondeur ; ce surtout a une poignée de chaque côté pour le lever au besoin. Pour n'être pas forcé de l'enlever chaque fois qu'on visite les abeilles, on y fait une grande ouverture par devant et par derrière. On les bouche avec une planche à coulisse ou placée dans une feuillure, et attachée d'un côté avec des charnières, et de l'autre avec des crochets.

Comme il ne faut pas que les abeilles

puissent passer entre les ruches et les surtouts, on leur fait un passage couvert de trois pouces de long. Il est composé d'un morceau de bois de chêne de dix-huit lignes d'épaisseur, sur un pouce et demi de large ; on réduit l'épaisseur sur le devant à une ligne, en formant une pente. On attache à droite et à gauche une triangle de même longueur sur deux pouces de hauteur : on recouvre ce conduit avec du bois ou du verre ; on pourrait en faire les côtés avec du fer-blanc, et disposer dans le haut une petite rainure pour y glisser la couverture du verre. On fait dans le surtout une entaille qui emboîte ce conduit, et les abeilles sont obligées d'y passer pour entrer ou sortir de la ruche, ce qu'elles font avec facilité, parce que la pente de ce conduit le met de niveau d'un côté avec l'ouverture de la ruche, et de l'autre avec le plateau. Il est utile de disposer ce conduit de manière qu'on puisse au besoin le fermer des deux bouts.

On doit avoir une porte dont les passages soient tellement justes pour les abeilles ouvrières, que les reines n'y puissent pas passer.

On a une petite auge en fer-blanc ou

en plomb pour donner de la nourriture
aux abeilles . elle peut avoir trois pouces
de hauteur, quatre de large et huit de
long ; elle est divisée en deux parties égales sur la largeur, par une cloison qui n'a
que vingt lignes, y compris l'épaisseur
du fond. On y fait un trou au niveau de
l'ouverture de derrière de la ruche , et
dans les mêmes proportions, pour que les
abeilles puissent y entrer. La couverture
est mobile et percée de plusieurs trous;
on remplit une des divisions avec du
miel , et l'autre avec de l'eau jusqu'au
niveau de l'ouverture de la ruche.

Cette ruche présente, ainsi que nous
l'avons dit plus haut, assez de facilité
pour faire les expériences et observer les
abeilles, qui, n'ayant la possibilité de
faire qu'un seul rayon, ne peuvent cacher une partie de leurs travaux comme
dans les autres ruches.

On peut y suivre la mère abeille dans
tous ses mouvements, et même dans sa
ponte, parce que les abeilles s'accoutu-
ment promptement à voir mettre et ôter
le surtout, ou lever les planches, et
qu'elles n'interrompent plus leurs travaux quand on les observe. On peut saisir facilement la mère abeille, soit dans

la ruche, soit dans le conduit, et l'empêcher de sortir. On donne de la nourriture aux abeilles, et on les retient aisément prisonnières : on peut les forcer à faire de la cire avec du miel, du miel avec du sucre, afin de vérifier toutes les expériences faites jusqu'à ce jour, constater leurs résultats, et tenter de nouvelles découvertes.

RUCHES A FEUILLETS OU EN LIVRES,
A LA HUBERT [1].

La ruche à la Hubert [1] ne procure pas la facilité de voir les abeilles. Le vitrage s'obscurcit par l'effet de la transpiration ; mais elle a d'autres avantages précieux : on peut séparer la ruche en autant de parties qu'il y a de rayons, la rétrécir ou élargir à volonté, et faire, pour les expériences de petits essaims artificiels.

Cette ruche en bois a quatorze ou quinze pouces de hauteur, un pied de profondeur et une largeur déterminée sur le nombre de rayons qu'on désire, à raison d'un pouce quatre lignes par rayon; la ruche, au lieu de n'être divisée, comme celle à la Bosc, qu'en deux parties, l'est en

[1] Voy. Pl. 7, fig. 1re.

autant de parties qu'il y a de rayons ; de manière que c'est la réunion de huit, dix ou douze cadres de seize lignes de large, qu'on réunit ou qu'on sépare à volonté, et dont on augmente ou on diminue le nombre ; elle n'a que le défaut de masquer l'ouvrage des abeilles.

M. Feburier a essayé, comme on va le voir ci-après, de lui donner au moins en partie les avantages de la ruche précédente. Pour cet effet il a dû changer la forme des montants qui composent le cadre.

RUCHES A FEUILLETS, MODIFIÉES PAR M. FEBURIER [1].

«Pour y parvenir, dit-il dans son excellent *Traité sur les abeilles*, j'ai pris des morceaux de bois de sapin de un pouce de large sur quinze lignes d'épaisseur. J'y ai fait dans toute la longueur de la surface extérieure une feuillure de six lignes de large sur neuf de profondeur. J'ai disposé d'autres morceaux de bois de six lignes de large et de neuf d'épaisseur, de manière qu'un de ces morceaux pût se placer juste dans la feuillure ; j'ai réuni un montant de quinze lignes d'épaisseur

[1] Voy. Pl. 7, fig. 2.

avec un de neuf lignes, au moyen de deux traverses, l'une dans le haut et l'autre dans le bas, en laissant quatre lignes de distance entre eux, et j'en ai formé un châssis de vingt-deux lignes de large, sur une hauteur déterminée d'après les proportions de la ruche. Ce châssis redressé présente sur le devant, à gauche, la feuillure de six lignes de large sur neuf lignes de profondeur, et par derrière, à droite, un vuide de six lignes sur neuf lignes d'épaisseur. Au milieu une ouverture de quatre lignes de large d'une traverse à l'autre, avec une petite feuillure pour y recevoir la bande de verre.

» Après avoir fait seize petits châssis, dont huit ayant deux pouces de plus en longueur pour la pente de la couverture, je les ai joints deux à deux dans la partie au moyen de morceaux de bois de six pouces de long, travaillés comme les premiers, et ayant l'attention de clouer ensemble les montants et les traverses de même dimension. J'ai fait rentrer ces petites traverses en dedans au lieu de les poser sur celles des châssis ; ces traverses étant clouées solidement et faisant un écartement de six pouces en dedans, j'ai maintenu l'écartement du bas avec des petites baguettes arrondies , placées au tiers de la hauteur, traversant l'épaisseur des montants , et maintenues avec un petit coin de bois.

» Cette opération terminée, j'ai eu huit cadres sans fonds, ayant un côté à recouvrement pour remplir le vuide de la feuillure formée du côté opposé. En rapprochant tous ces cadres, je les ai emboîtés l'un dans l'autre ; le recouvrement étant de six lignes, a réduit la largeur de chaque chassis à seize lignes de large. J'ai fait deux autres cadres qui pussent s'appliquer sur les côtés ; je leur ai donné la même épaisseur et deux pouces de large , et j'ai rempli le vuide par un verre placé en dedans. J'ai arrêté tous ces châssis avec des crochets. Je jouis de cette façon du tous les avantages de la ruche à la Hubert, et de ceux des ruches de verre qui ont plus d'un rayon.

On voit qu'au moyen de recouvrement on peut ouvrir les ruches sans briser les rayons, et que les abeilles n'ayant pas à travailler contre le verre, ne le salissent pas.

« Malgré les commodités de cette ruche, on n'y voit pas si bien que dans celle *plate*

en verre. Mais cette dernière a des inconvénients qui en dégoûtent les naturalistes; il est très difficile d'y introduire un
essaim, et on n'y parvient qu'avec peine ,
même avec l'usage de manier les abeilles,
au lieu que rien n'est si facile dans celle
à la Hubert et dans la mienne. »

TROISIÈME PARTIE.

GOUVERNEMENT DES RUCHES [1].

CHAPITRE PREMIER.

CONSERVATION DES RUCHES.

LES ruches vides, que l'on conserve
en cas de besoin, doivent être dans un
endroit sec, suspendues au plancher,
pour n'être pas exposées à la visite des
souris. Si la moisissure ou les vers les
attaquent, on y passera de l'eau bouillante à plusieurs reprises, et on les fera
sécher au soleil où à un courant d'air.
Pour peu qu'elles aient d'odeur qui
pourrait déplaire aux abeilles, dont l'o-
dorat est très fin, on les frottera en dedans avec de l'urine un peu corrompue,

[1] Lombard. — Serain. — Feburier.—Hubert.
etc. etc. — Mémoires de la Société d'agriculture
du département de la Seine. — Observations de
l'auteur.

ou avec des feuilles de menthe, de fèves de marais ou de noisetier.

SOINS QU'ON DOIT DONNER AUX ABEILLES.

Les ruches doivent être visitées souvent, tant pour voir ce qui leur manque, que pour se familiariser avec les abeilles. Il faut marcher doucement, ne point toucher aux ruches sans nécessité, ne porter avec soi aucune odeur forte : si quelques abeilles vous poursuivent, ne fuyez pas, restez en place, courbez-vous le plus possible, jusqu'à ce que vous n'entendiez plus bourdonner autour de vous. Soulevez les ruches le plus rarement possible; s'il y a nécessité de le faire, placez-vous derrière, et penchez la en devant, vous serez moins exposé aux piqûres. Si c'est un nouvel essaim, comme les rayons ne tiennent pas encore solidement, ne la penchez pas, mais soulevez-là perpendiculairement toujours placé derrière.

Il faut bien prendre garde de jamais souffler sur les abeilles, surtout si l'on a l'haleine d'une odeur désagréable.

CALENDRIER DES ABEILLES.

Soins qu'exigent les abeilles pendant le printemps.

1° Au commencement du printemps, visitez les abeilles, pour voir si elles ont besoin qu'on pourvoie à leur nourriture.

2° Enlevez dans l'intérieur de la ruche la cire moisie, les fausses teignes; nettoyez les tablettes et les supports; ajoutez des hausses ou des boîtes, et scellez les ruches.

3° Si les hausses ou les boîtes que vous ajoutez contiennent des rayons vides de miel et de couvain, laissez-les, les mouches n'auront plus qu'à les remplir de miel; s'il n'y en a pas, placez-en quelques-uns, et pour cela faites chauffer l'extrémité d'un rayon pour l'attacher au plancher de la hausse; les abeilles auront soin de le sceller : observez que la direction naturelle des alvéoles est toujours inclinée de haut en bas vers le milieu des rayons; vous vous règlerez sur cette observation pour placer ceux que vous souderez au plancher de la hausse.

4° Formez dans cette saison vos essaims artificiels, et faites la récolte du miel et de la cire.

Pendant l'été.

5° Surveillez les abeilles pour empêcher le pillage qui a lieu dans cette saison
à l'égard des ruches faibles ; vous le re-
connaîtrez au bruit extraordinaire qui a
lieu devant la ruche attaquée , et à la précipitation avec laquelle les abeilles entrent et sortent.

6° Ne perdez pas de vue vos ruches ,
pour ne point laisser échapper les essaims naturels, et appliquez-vous à les
recueillir [1].

Pendant l'automne.

7° Pesez vos ruches pour comparer
leur poids avec celui qu'elles avaient au
moment ou vous avez introduit les essaims [2]. Prenez pour règle qu'il faut laisser deux livres de miel par une livre
d'abeilles, pour leur nourriture, jusqu'au
printemps suivant ; suppléez à ce qui manque de miel , jusqu'à ce que la ruche pèse
deux fois le poids de l'essaim seulement.

8° Réunissez, dans cette saison , les
essaims faibles pour en faire des ruches

[1] Voir la 4ᵉ partie : des essaims

[2] Comme la plupart des personnes qui nour-

bien peuplées, et si elles manquaient de nourriture, donnez-leur en sur-le-champ.

9° Scellez toutes les ruches en état de passer l'hiver, et garnissez la porte de la petite planche taillée en forme de scie, ou de la plaque de fer-blanc dont nous avons parlé ci-dessus.

Pendant l'hiver.

10° Observez que les hivers doux et humides sont en général plus préjudiciables aux abeilles que les hivers secs et rigoureux : leurs besoins sont moindres dans ce dernier cas.

11° Placez les ruches dans un bâtiment exposé au nord, et les fenêtres ouvertes,

rissent des abeilles pourraient être embarrassées lorsqu'elles pèseront leur ruches en été, 1° parce qu'elles ne sauraient faire rentrer les abeilles qui sont dehors ; 2° parce qu'elles sortent souvent en plus grand nombre et qu'elles s'irritent, on prend un morceau de linge assez gros pour boucher la porte de la ruche ; le soir ou le matin, à la fraîcheur, on fait jouer un soufflet ordinaire sur les abeilles qui sont dehors ; la fraîcheur de cet air les fait rentrer ; on bouche ensuite la porte avec le morceau de linge : on a pour lors la facilité de peser toutes les ruches sans rien crain-

afin que les mouches puissent sortir et se vider ; ce qui vaut encore mieux, laissez-

dre ; on débouche promptement la porte après cette opération.

Moyen de connaître l'état des ruches, par M. Serain.

Ce moyen consiste : 1º à établir deux montants que l'on plante solidement en terre de chaque côté de la ruche ; 2º à poser la ruche sur un support en bois, lequel sera percé, à chaque coin, d'un trou dans lequel on passera des cordes qui seront assez longues pour se réunir au-dessus de la ruche garnie de sa robe, où elle formeront une anse ; 3º à avoir un morceau de bois rond ou carré, d'environ deux ou trois pieds de long, qui sera percé à un ou deux pouces de son extrémité, pour y passer une petite barre de fer qui traversera les montants ; on ajoutera à ce même bout un crochet en fer, pour recevoir les cordes dont j'ai parlé, puis on divisera le reste de ce morceau de bois, de manière qu'avec un poids commu, il puisse servir comme le peson ou la romaine. En marquant sur cette barre les livres et les demi-livres, on pourra voir tous les jours ce que la ruche aura gagné ou perdu. Il faudra avoir l'attention de toucher à cette romaine avec précaution, et de n'enlever la ruche que d'un demi-pouce de l'endroit où pose le support ; par ces attentions, les abeilles n'éprouvent aucun dérangement.

les à leur place, fermez la porte de manière que l'air s'y introduise, et que les abeilles ne puissent pas sortir ; vous leur donnerez la liberté deux ou trois fois par mois, lorsque le froid sera moins rigoureux. Il n'y a guères que les ruches faibles qui aient besoin de cette fermeture, surtout lorsque la ruche est couverte de neige, et qu'il fait un beau soleil.

12° Laissez les ruches scellées et telles que les abeilles s'y sont arrangées, sans introduire d'autre courant d'air que celui qui entre par la porte.

13° Soulevez de temps en temps les surtouts de paille, pour faire la chasse aux souris, aux mulots, etc. Les ruches en paille ont quelquefois l'inconvénient d'être percées par les souris.

NOURRITURE DES ABEILLES.

Manière de nourrir les abeilles.

Pour connaître l'état de faiblesse d'une ruche et le besoin de nourriture qu'elle peut avoir, il faut frapper l'extérieur de la ruche avec la main ; si les abeilles rendent un son faible et peu animé, si d'ailleurs, en soulevant la ruche on la trouve légère, c'est une preuve qu'elle manque de provision : alors s'il s'agit de nourrir des essaims ou des ruches transvasées, il suffit de mettre sous les ruches des rayons remplis de miel, ou des rayons vides qu'on garnit de miel ou de sirop; ou bien on met le miel ou le sirop dans des assiettes que l'on saupoudre de brins de paille où les abeilles puissent se poser.

Si l'on est obligé de nourrir les abeilles pendant l'hiver, les moyens peuvent être différents. Comme les abeilles ne descendent au bas de la ruche que très difficilement, la nourriture que l'on y mettrait serait inutile, et ne les empêcherait pas de mourir de faim; on perd ainsi souvent des ruches bien approvisionnées, et dont les abeilles meurent sans toucher au miel. C'est par le haut de la ruche qu'il faut leur donner de la nourriture dans cette saison : pour cet effet, on remplit une bouteille de sirop, on recouvre son ouverture d'une toile en double qu'on lie bien autour du cou de la bouteille, on enlève le bouchon qui est au haut de la ruche, et l'on y introduit le cou de la bouteille, qui, étant dans une position renversée, laisse suinter à travers le linge le sirop que les abeilles recueillent.

Lombard condamne néanmoins cette dernière méthode, et nous pensons comme lui. Le sirop coule trop vite dans les temps chauds, et englue les abeilles. Il peut même nuire au couvain en entrant dans les alvéoles qui en contiennent. Au contraire, si la température est froide, il coule très lentement ou pas du tout. Le goulot de la bouteille brise aussi les rayons au-dessus desquels on le place. Or, il est à observer qu'il faut fournir de suite aux abeilles la quantité de miel nécessaire pour leur approvisionnement, parce qu'elles le placeront sur-le-champ dans leurs alvéoles sans le gaspiller. Mais si on le leur donne peu à peu, la cueillette de ce miel les mettra en mouvement, augmentera la chaleur de la ruche, et la consommation du miel sera plus grande.

Il est bon, vers la fin de l'hiver, lorsque les abeilles commencent à sortir, de leur donner du sirop mêlé avec moitié de vin ou un quart d'eau-de-vie; on met cette préparation sur des rayons vides, ou sur une assiette devant les ruches. Dans les cantons où le miel est cher, on peut employer d'autres matières pour nourrir les abeilles, à l'automne ou au printemps, en leur préparant diverses boissons qu'on

fabriquerait à l'automne. On fera des sirops avec des poires, pommes, coings,
prunes, etc.; il ne s'agit que de couper
en tranches minces les poires, pommes et
coings, et d'enlever les noyaux des prunes, de les faire cuire avec de l'eau et de
les presser ensuite pour en extraire le jus
qu'on fait cuire jusqu'à consistance de
sirop, après y avoir joint un peu de liqueur fermentée.

Le sirop est composé d'une livre de
miel et de trois litres de vin ou de cidre;
on fait bouillir le tout jusqu'à ce que la
liqueur soit un peu épaisse; on conserve
ce sirop dans des pots couverts pour s'en
servir au besoin.

Composition d'un Sirop économique pour la nourriture des abeilles.

Extrait du Manuel *pratique imprimé à la suite des observations, par* François Huber.

« Prenez une quantité de poires douces proportionnée à celle que vous voulez
faire de sirop; faites-les cuire, et passez
le jus pour en extraire le marc : ajoutez
pour chaque livre de ce jus de poire, un
quarteron de miel, un poisson de vin
blanc, deux gros de sel ordinaire : faites

bouillir doucement ce mélange ; écumez-
bien : quand il est arrivé à la consistance
de sirop et bien cuit, on le tire à clair
deux fois, pour qu'il fasse moins de dé-
pôt, et on passe le fond à travers un
linge clair, pour être employé le premier ;
on met ce sirop à la cave dans des vaisseaux bien bouchés ; dans cet état il se
conserve. »

Alphonse de Herrera, auteur espagnol,
enseigne, dans son Agriculture générale,
un autre moyen de nourrir les abeilles
pendant l'hiver. Il conseille de faire bouillir des figues grasses, de les ouvrir et de
les présenter ensuite aux abeilles, auprès
de leur ruche.

Quant au raisin, on se contente de
l'écraser cru, on le presse, et ensuite on
cuit le jus jusqu'à consistance de sirop,
avec un peu de sel.

On doit cuire ces sirops à petit feu. On
peut les passer à travers un linge, et les
mettre dans des pots de terre bien couverts ou des bouteilles pour s'en servir
au besoin. On fait tiédir ces sirops avant
de les donner aux abeilles, si le temps est
un peu froid.

DE L'EAU QU'IL FAUT FOURNIR AUX ABEILLES.

Au printemps, les abeilles commencent à faire une grande consommation d'eau. On doit en mettre à leur portée dans un vase large et peu profond. On enterre ce vase à fleur de terre. Comme il est utile de la conserver pure et non corrompue, Lombard a imaginé de se servir d'un tonneau coupé en deux, qu'il remplit de six pouces d'eau. Il y plante du cresson d'eau sur lequel les abeilles se posent pour boire. On le coupe de temps en temps, et on ajoute de l'eau au besoin. Cette méthode ménage aux abeilles un temps précieux, et conserve la vie à un grand nombre, qui périraient dans les grandes pièces, ou les eaux courantes, ou qui seraient la proie de leurs ennemis.

ENFUMAGE DES ABEILLES. — INSTRUMENS.

Lorsque l'on s'est assuré que les abeilles sont bien approvisionnées, si l'air est humide, on les enfume. Pour cet effet, on placera des charbons bien allumés dans un réchaud, et on jettera dessus un peu de bouze de vache sèche, ou de vieille toile. On veillera à ce que ces ma-

tières ne s'enflamment pas ; on passera le
fumeron à l'entrée des ruches, en les
soulevant un peu , et on fera entrer la
fumée en l'y soufflant.

On se sert aussi des instruments suivans
pour enfumer les abeilles : le premier est
de l'invention de M. Vérité , qui en a fait
insérer la description dans la *Gazette
d'Agriculture* , du 18 décembre 1779.

« On imaginera deux tuyaux cylindriques de tôle, de six pouces de longueur ,
l'un ayant deux pouces et demi de diamètre intérieur , et le second s'introduisant dans le premier, de manière à le remplir , et y être mû librement. Pour former ces tuyaux , on joint par ses côtés
opposés une feuille de huit pouces quatre
lignes de largeur, de la longueur susdite.
On recroise , on recouvre l'un par l'autre d'environ six lignes, et on les arrête
dans cet état par trois clous rivés en dedans et en dehors. A l'un des bouts de
chaque tuyau , on établit un cône ou entonnoir tronqué, de manière à laisser vers
son sommet une ouverture circulaire de
neuf lignes de diamètre. La hauteur des
entonnoirs ainsi tronqués est de deux
pouces. Pour les fixer et les contenir solidement sur leurs tuyaux , après avoir

arrêté la feuille croisée qui les forme avec un clou rivé comme aux tubes , on rabat d'équerre et en dehors les bords de l'orifice du tuyau, de deux lignes ou environ. On rabat de même , mais en dedans et par-dessus le tuyau , le bord qui fait la base de l'entonnoir, de manière que la réunion d'un tube et de son entonnoir forme un cordon circulaire qui fait la jonction de l'un et de l'autre.

» A l'extrémité tronquée de l'entonnoir du premier et du plus gros tuyau , on soude encore un second cône de tôle ou de fer-blanc, de un pouce et demi de hauteur, tronqué comme le premier. On l'aplatit vers sa base et dans le sens de son diamètre, de manière à n'y laisser qu'un petit jour d'environ deux tiers de ligne sur une largeur diamétrale de vingt-deux lignes. On sent que ces deux entonnoirs sont réunis à leurs sommets tronqués et opposés. On soude également à l'extrémité de l'entonnoir du second tuyau un tube de fer-blanc, de forme conique de cinq pouces de longueur, d'une base égale à l'orifice supérieure de celui auquel il est adapté , et tronqué à son sommet, de façon à n'y laisser qu'un trou circulaire d'une ligne et demie ou deux

lignes seulement de diamètre. On place
dans l'intérieur de chaque tuyau, à
l'extrémité qui porte l'entonnoir, un grillage rond, à cinq barres, fait de tôle
comme les tuyaux, et de même diamètre
que leur intérieur.

» Le tout étant ainsi construit et disposé,
les deux grands tubes s'introduisent l'un
dans l'autre. Il se forme alors intérieurement, et entre les deux grillages, un espace
cylindrique plus ou moins long, selon
que l'un des tuyaux est plus ou moins
introduit. On y met un bouchon de vieux
linge, dans lequel on place un charbon
ardent. On excite le feu dans le linge
jusqu'à l'inflammation; on ferme aussitôt
la machine, et on place à l'instant un petit
entonnoir aplati dans l'entrée de la ruche,
sans la déplacer; on met la bouche au
tube opposé. Dès le moment qu'on y
souffle, il se répand sur la ruche une nappe
de fumée qui s'y élève, chasse les abeilles, les remplit et les force de se tenir à
son sommet.

» Il faut souffler modérément, et ranimer le feu de temps en temps. »

Le second a les dimensions et la forme
des chaufferettes de terre cuite, dont les
habitants pauvres se servent en France,

huit pouces de long, six de large, quatre
de hauteur d'un côté et cinq de l'autre.
Du côté le moins élevé, il y a un trou par
lequel on introduit l'air avec un soufflet.
A l'autre extrémité, il y a un tuyau de
trois ou quatre pouces de long, et qui
s'élève presque verticalement. Ce tuyau
est aussi en terre cuite, fort large dans le
bas et rétréci à l'extrémité. C'est le conducteur de la fumée.

Un trou de trois pouces carrés sert à y
introduire le charbon et la bouze de vache, ou le linge. Cette ouverture se rétré-
cit pour que la couverture qu'on y place
ne tombe pas dedans.

Nous conseillons l'usage de ce dernier
instrument. Sa simplicité et la modicité
de son prix doivent lui mériter la préférence sur l'instrument fumigatoire de
M. Vérité.

CHAPITRE II.

DE LA FAUSSE TEIGNE.

Dans les cantons où la fausse teigne est à craindre, il faut visiter les ruches, et principalement les plus faibles, pour s'assurer si elles n'en sont point attaquées ; à cette époque la destruction de quelques larves ou phalènes prévient la multiplication de plusieurs milliers d'insectes qui porteraient la désolation dans le rucher. Il est facile de s'apercevoir que la fausse teigne s'est multipliée dans une ruche : les abeilles se découragent, et ne travaillent plus avec activité.

Si on se doute de l'existence de ces ennemis dangereux, on soulève doucement les surtouts où les phalènes se placent assez communément, ou contre les parois extérieures de la ruche. On tue tous les papillons ou phalènes qu'on y trouve. Ces visites se font après le soleil levé. La visite des surtouts terminée, on soulève les ruches, et si l'on voit sur le plateau des débris de cire, des grains jaunâtres ou rouges, qui ne sont que des portions de pollen, et des grains noirs, excrément de la larve de la fausse teigne, on est certain qu'il existe des larves de fausse teigne dans la ruche. On peut même être assuré qu'il y en a, si l'on voit la petite fourmi s'introduire dans la ruche, parce que cet insecte ne commence jamais les dégâts dans les ruches, pas plus que dans les arbres. On doit s'occuper sur-le-champ de leur destruction. Mais avant de s'occuper des moyens de les détruire, il est bon de faire connaître cet ennemi, le plus dangereux de nos climats, et qui fait de tels ravages dans certaines années, que leur destruction complète serait un bienfait inappréciable pour les cultivateurs qui s'occupent spécialement des abeilles.

Description de la fausse teigne.

La fausse teigne de la cire, nommée *galerie*, par Fabricius, parce que sa larve ou chenille n'avance que dans une galerie ou tuyau, composé de fils couverts de ses excrémens et de la cire, est un papillon de nuit ou phalène. Sa couleur est d'un

gris obscur , avec de petites taches ou
raies noirâtres sur le bord intérieur de ses
ailes supérieures , qui sont un peu échan-
crées: elle a environ six lignes de longueur. Il y en a une espèce plus petite,
dont la tête est jaunâtre. Les deux espèces s'accouplent pendant la nuit , et les
femelles, peu de temps après, cherchent à
s'introduire dans les ruches; ce qu'elles
font facilement , si elles ne sont pas peuplées, qu'il n'y ait pas de gardes à l'entrée, ou que l'ouverture de la ruche ait
de la hauteur, motif pour lequel il est
utile de ne pas leur donner plus de six à
huit lignes de hauteur.

Elles font leur ponte contre les parois
intérieures de la ruche ou dans les ordures qui sont sur le plateau, ou même contre les rayons des côtés. Elles sortent ensuite , et on suppose qu'elles périssent
peu de temps après. Chaque œuf contient
un insecte qui doit devenir papillon à son
tour. Il paraît d'abord sous la forme de
larve, et c'est dans cet état qu'il commet
les plus grands ravages. Il est pour les
abeilles ce que la larve du hanneton ou
ver-blanc, et tant d'autres, sont pour les
plantes légumineuses et les racines des
arbres. Ces larves, d'un blanc terne, lisse

et à tête brune, ont seize pattes, dont elles se servent pour faire leurs mouvements, et filer la soie dont elles forment leurs galeries.

Ces galeries ou tuyaux ne sont d'abord composés que de quelques fils; mais à mesure que les insectes croissent, ils les consolident, en augmentant le nombre des fils, et en y ajoutant une partie de leurs excréments et des parcelles de cire.

Comme ce n'est ni le miel, ni la cire qu'ils recherchent, quoiqu'ils puissent à la rigueur vivre de cire, ils passent d'un rayon à un autre, jusqu'à ce qu'ils soient arrivés à ceux qui ont servi ou qui servent de nid au couvain des abeilles, et où sont contenues les matières qu'ils préfèrent. Alors ils changent de direction, ils s'arrêtent dans un rayon tant qu'ils y trouvent de la nourriture, et vont d'un alvéole dans un autre, jusqu'à ce qu'ils aient pris tout leur accroissement. Leurs galeries augmentent insensiblement de diamètre, et deviennent assez solides pour mettre leurs corps mous, et sans aucune défense, à l'abri des coups d'aiguillon. C'est par ce moyen qu'ils pénètrent impunément au milieu d'ennemis armés, contre lesquels ils

14

n'ont aucun moyen de défense, n'ayant aucune arme offensive, et leur corps, à la tête près, qui est bien cuirassée, ne pouvant résister à la moindre attaque.

Quand le temps marqué par la nature pour leur métamorphose est arrivé, les larves se retirent entre le plateau et le bord intérieur de la ruche, si elle est en paille, ou contre ses parois, ou dans un rayon abandonné par les abeilles. Elles y filent une toile ou coque dont elles s'enveloppent, et où elles se métamorphosent en phalènes. Alors elles sortent pour se reproduire. Comme on trouve ces phalènes au commencement de mai, et souvent à la fin d'avril, il est essentiel de leur donner la chasse de bonne heure, parce qu'une seule qui entre dans une ruche y pond assez d'œufs pour en causer la ruine.

Nourriture des fausses teignes. — Leurs ravages.

« La marche de ces insectes, dit M. Féburier, à qui nous empruntons ces détails et les précédents, m'a prouvé qu'ils ne recherchaient ni le miel, ni la cire nouvelle, et qu'ils vivaient des dépouil-

les des nymphes des abeilles, et même de
ces nymphes, et peut-être du pollen. Si
les fausses teignes mangent quelquefois
de la cire, il me paraît que ce n'est qu'à
défaut d'autre nourriture, et les premiers
jours de leur naissance. En effet, le
lieu de leur naissance est précisément
placé à côté de la plus belle cire, où sont
aussi les provisions de miel. S'il n'y a
pas de miel dans les rayons des côtés, les
larves n'ont qu'à remonter pour se rendre aux magasins. Ainsi la cire les envi-
ronne, et le miel est à deux pas. Cependant, au lieu de ronger les rayons de la
cire, de ne passer à un second qu'après
avoir détruit le premier, et de se rendre
aux alvéoles remplis de miel, elles traversent le premier rayon sans y faire d'autres dégâts que le trou nécessaire à leur
passage, et l'enlèvement de quelques
parcelles de cire pour consolider leurs
galeries. Elles ne remontent pas directement où est le miel, elles paraissent
même l'éviter. Mais dès qu'elles arrivent
aux rayons qui contiennent le couvain
ou ses dépouilles, elles changent de direction, vont d'un alvéole à un autre;
et pour peu qu'elles soient nombreuses,
la population de la ruche diminue dans

une progression tellement effrayante, que je ne puis croire que les fausses teignes ne détruisent pas une partie du couvain. Les abeilles cèdent du terrain peu à peu, et, réduites à un petit nombre, elles abandonnent enfin la ruche.

« Si la population est nombreuse, et l'entrée de la ruche très basse, les abeilles s'opposent à l'entrée de leurs ennemies, et si quelques-unes ont profité d'un moment de négligence pour s'introduire dans la ruche, elles les attaquent dès qu'elles commencent leurs dégâts, les détruisent et réparent le mal qu'ells ont fait. »

Moyens de détruire les fausses teignes.

Les cultivateurs peuvent également espérer de sauver leurs ruches, si la population est moyenne, au moment où ils s'aperçoivent de l'existence des fausses teignes. Ils n'ont pas plus tôt coupé quelques portions de rayons, et détruit une partie des galeries, que les abeilles attaquent courageusement les larves de la fausse teigne, les tuent et les jettent dehors.

Mais si l'essaim est faible, la ruche est

perdue, à moins que les cultivateurs ne parviennent eux-mêmes à détruire toutes les larves de la fausse teigne ; et si elles ont fait de grands progrès, on ne voit d'autre ressource pour l'essaim, que de le chasser de la ruche, et de le faire entrer dans un autre ; encore faut-il que la saison soit favorable ou qu'on le nourrisse.

Plusieurs personnes considérant que la plupart des phalènes viennent autour des lumières et s'y brûlent les ailes, ont proposé de mettre une lumière le soir dans le rucher. Ce moyen produirait de bons effets dans une saison où les phalènes ne sont pas nombreuses, s'il était sûr ; mais il est dangereux dans un rucher dont les ruches sont en paille ou couvertes de surtouts de paille.

Lombard a donné un très bon moyen de détruire les fausses teignes. Il consiste à placer dans le rucher une ruche garnie de rayons. La plus vieille est la meilleure.

Quand on a des ruches faibles, et que les phalènes sont multipliées dans le canton, on visite tous les deux jours ces ruches et leurs surtouts. Si on ne détruit pas la totalité des phalènes, on en tue un assez grand nombre pour conserver son rucher. Le point essentiel est de surveiller les ruches faibles, jusqu'à ce que les abeilles soient assez nombreuses pour faire la garde à l'entrée des ruches. Cette garde une fois établie, il devient fort difficile aux fausses teignes de pénétrer dans les ruches, si l'entrée est basse. Si elles y entrent, les abeilles placées au bas des rayons leur donnent la chasse.

DU PILLAGE.

Observations essentielles.

On ne laisse point en général aux abeilles une entrée qui soit proportionnée à la saison, à la force de l'essaim et au vide qu'il y a dans la ruche ; ces soins sont cependant indispensables pour prévenir le pillage qui désole tant de ruches, et qui fait périr un si grand nombre d'essaims. Lombard assure qu'une ruche n'est pillée qu'à cause de la mort ou de la stérilité des abeilles mères. Nous croyons bien qu'une ruche puisse être pillée quand l'abeille ne peut plus remplir ses fonctions ; mais ceux qui nourrissent des abeilles savent que celles qui sont dans le même rucher, quoiqu'ayant des reines fécondes, se pillent, surtout au printemps et dans le mois d'août. Les essaims qui se trouvent, au printemps, dans la disette, avant que les plantes leur fournissent une nourriture convenable, cherchent aussi à piller ; il en est de même, en automne, des essaims tardifs, qui n'ont pu ramasser que peu de provisions. Il arrive encore que les abeilles qui habitent les ruches les plus fortes s'adonnent au pillage et désolent les ruches les plus faibles.

On connaît qu'une ruche est au pillage, lorsqu'à des heures indues on voit voltiger des mouches autour d'elle, comme en mai et juin ; qu'il y a des abeilles qui sortent, d'autres qui entrent avec précipitation ; qu'on entend beaucoup de bruit au-dedans de la ruche, et qu'on commence à voir des parcelles de cire moulue sur le plateau. Il est urgent de s'apercevoir à temps de cet accident, qui ne dure guère qu'une heure, et dont peu de ruches échappent.

Il est facile de reconnaître lorsqu'une ruche est au pillage, en levant le surtout de la ruche où l'on soupçonne qu'il a lieu. On remarquera une infinité de combats très animés entre les abeilles. Les essaims les plus exposés au pillage sont ceux qui n'ont leurs ruches remplies qu'à moitié, soit de rayons, soit d'abeilles; les nuits fraîches du printemps et de l'automne obligent ces insectes à se rassembler. Si l'essaim est faible, toutes les abeilles se ramasseront entre les rayons; la moitié de la ruche étant entièrement vide, il ne restera que très peu et même point d'abeilles à la porte qu'on laisserait dans ses dimensions ordinaires : alors on ne manquera pas d'être pillé.

Quoique l'essaim soit fort, s'il y a seulement un demi-pied de vide au bas de la ruche, le peu de sentinelles qui restent à la porte, quand elle a toute son ouverture, ne peut pas la garder, et l'on voit journellement ces ruches exposées au pillage : si l'essaim se rassemble près de la porte, la ruche est alors moins en danger.

Lorsque l'été a été pluvieux, le pillage continue, mais il cesse, 1° à mesure que la récolte du miel devient plus abondante; 2° lorsque la ruche se remplit de rayons; 3° enfin, lorsque les essaims, devenus plus nombreux, peuvent mieux défendre leurs provisions.

Le pillage dont nous venons de parler, occasionne la perte des essaims qui sont

pillés ; comme ils éprouvent alors la disette, huit jours d'un temps froid ou
pluvieux les fait périr. Si ces essaims restent dans la ruche, ils y meurent de
faim ; s'ils vont aux champs chercher
leur provision, la plupart des abeilles
succombent.

Les abeilles pillardes perdent ordinairement la vie, lorsqu'elles attaquent une
troupe assez nombreuse pour se défendre : ces combats, qui sont très meur-
triers, affaiblissent beaucoup les essaims, ou les détruisent entièrement.

Moyens de remédier et d'empêcher le pillage.

On remédie à tous ces malheurs en ne
laissant point épuiser les provisions des
abeilles, lorsque par la diminution de la
pesanteur des ruches, on connaît qu'elles
sont dans la disette.

On empêche aussi le pillage en diminuant l'entrée de la ruche envahie, de
façon que les abeilles ne puissent passer
qu'une à une ; alors celles de cette ruche
pourront facilement se défendre, et triom-
pheront même complètement de leurs
ennemies.

Les précautions dont nous venons de parler sont toujours suivies d'un heureux succès, lorsqu'on les prend avant le pillage, car il est plus aisé de le prévenir que de l'arrêter; quand il est une fois commencé, c'est un très grand mal, autant pour les mouches qui le causent que pour celles qui le souffrent. On voit souvent périr assiégeants et assiégés; quelques personnes croient préserver une ruche du pillage en la transportant à une très grande distance, et en rétrécissant la porte autant que l'essaim peut le permettre; elles mettent ensuite à la place une ruche vide, où il sera resté un peu de cire pour amuser les pillardes, et les éloigner insensiblement. On ne laisse souvent qu'une petite ouverture pour le passage de l'air, qui est cependant telle qu'une abeille ne puisse y passer. La porte de la ruche attaquée sera ainsi condamnée pendant un jour ou deux, et jusqu'à ce que tout paraisse calme. Il faut donner aux abeilles renfermées un peu de miel délayé dans un peu de vin, pour les fortifier et les nourrir. On ouvrira de nouveau la ruche, mais de manière qu'il n'y ait de passage que pour une seule mouche.

CHAPITRE III.

DE LA MIELLÉE.

Il y a deux sortes de miellée, qui paraissent d'ailleurs de même nature, et dont les mouches à miel s'accommodent également.

La première passe pour une sorte de rosée qui tombe sur les arbres; mais elle n'est autre chose qu'une transpiration sensible de suc doux et mielleux qui, après avoir circulé avec la sève dans les différentes parties de certains végétaux, s'en sépare, et va éclore tout préparé, soit au fond des fleurs, soit à la partie supérieure des feuilles (ce qui est nommé miellée), et qui, dans certaines plantes, se montre en plus grande abondance, tantôt dans la moelle, telle que dans la canne à sucre et du maïs, tantôt dans la pulpe des fruits charnus, qui, dans leur maturité, ont plus ou moins de saveur douce, selon que ce suc mielleux est plus ou moins marqué par d'autres principes, ou plus ou moins développé.

La miellée recouvre ordinairement les feuilles des arbres qui la donnent, elle se distribue sous la forme de globules ou gouttes arrondies et serrées, qui cependant ne se touchent ni ne se confondent, telles à peu près qu'on en voit sur les plantes où un brouillard épais s'est long-temps reposé. La position de chaque globule semblait déjà indiquer, et le point d'où il était sorti, et le nombre des pores ou des glandes dans lesquelles le suc a été préparé.

C'est à cette circonstance que tient la supériorité du produit des abeilles dans le voisinage des forêts et des bois ; elles y trouvent toujours de riches récoltes de miellée, surtout au renouvellement de la sève et de la végétation dans le mois d'août. C'est sur les feuilles qui enveloppent leurs boutons, que le suc nourricier de l'arbre se porte particulièrement, et qu'il s'arrête lorsqu'il a rempli le but de la nature sur les nouvelles pousses.

La miellée se présente autrement sur les ronces, où les globules se joignent entre eux, soit que l'humidité de l'air les délaye, soit que la chaleur contribue à les étendre ; ils forment de grosses gouttes ou de larges enduits dont la ma-

tière desséchée devient plus visqueuse :
c'est sous ces dernières formes que la
miellée se présente communément.

« Dans la saison où je rencontrai la miellée en globules sur le chêne vert, dit
M. Sauvage, qui le premier a fait connaître la nature de la miellée, cet arbre portait deux sortes de feuilles : les vieilles,
d'un tissu ferme, telles que celles du
houx, ou des arbres qui, aux approches
de l'hiver, ne se dépouillent pas; et les
nouvelles, encore tendres, et qui avaient
poussé depuis peu. Il n'y avait constamment de miellée que sur les feuilles d'un
an; cependant les feuilles étaient couvertes par les touffes de la nouvelle
pousse, et par conséquent à l'abri de
toute espèce de bruine qui aurait pu
tomber, ce qui prouve assez bien que la
miellée n'est point étrangère aux feuilles
des arbres qui en sont mouillées, et
qu'elle n'y tombe pas d'ailleurs, comme
on le croit vulgairement, puisque la nouvelle pousse de nos chênes verts, qui en
aurait dû être touchée la première,
comme étant la plus exposée, n'en avait
cependant pas la moindre goutte.

» La même singularité me frappa dans la
miellée de la ronce. Quoique, par la con-

formation de cet arbrisseau, toutes ses feuilles soient à peu près exposées également à l'air ou à la chute qui s'y ferait verticalement, il ne paraissait de miellée que sur les vieilles feuilles; les récentes n'en avaient pas plus que la feuille du chêne dont je viens de parler, le suc mielleux n'ayant pas eu sans doute un temps suffisant pour être formé dans la partie simple de ces végétaux, ou pour y être extrait de la sève. Ce n'est l'effet probablement que d'une longue exposition à l'air, peut-être à ses imtempéries, et surtout au soleil, qui doivent être regardés comme les vrais agents de cette sécrétion.

» Il y a plus : les plantes et les arbrisseaux du voisinage de nos arbres miellés, mais d'une autre espèce, et d'une nature peu propres à la formation du sucre dont nous parlons, n'en portaient pas le moindre vestige. Il n'en paraissait pas à terre autour de ces arbres, sur les pierres, sur les rochers, où la miellée, quoique desséchée, laisse long-temps des taches, comme nous le verrons plus bas en parlant d'une autre miellée qui tombe des arbres à terre, mais dont la chute ne se fait jamais de plus haut que de la feuille des arbres ; ce qui est une nouvelle preuve que cette espèce de manne liquide ne vient point du ciel ou des nuages, comme la bruine, puisqu'elle se répandrait indifféremment sur toutes sortes de corps, et qu'elle n'affecterait pas certains végétaux, et même quelques-unes de leurs parties à l'exclusion de toute autre.

» Une autre espèce de miellée, l'unique ressource qui reste aux abeilles, ou peu s'en faut, lorsque le printemps est passé avec la plupart des feuilles qui l'embellissent, est celle qui est due au puceron. C'est sa déjection qui entre dans la composition du miel le plus délicat. Cet excrément, qui est fluide, et qui mériterait plutôt le nom d'élixir, ne cède en rien à ce que l'autre miellée peut avoir de doux et d'agréable.

» Les pucerons extraient cette liqueur, ou ce qui en fournit la matière, à travers l'écorce de certains arbres, sans leur nuire d'ailleurs, sans y causer même de difformité, telle qu'en produit l'espèce qui fait recroqueviller les feuilles, et celle dont la piqûre fait croître sur les bourgeons de l'orme et du térébinthe, des galles creuses.

» Instruits de bonne heure de l'espèce de

rameaux qui leur convient, ils dédaignent ceux qui sont tendres ou récents, quoiqu'ils soient plus faciles à percer, et ils ne s'attachent qu'aux rameaux d'un an, dans lesquels ils enfoncent un aiguillon qui leur sert en même temps de pompe et de suçoir.

» C'est dans l'estomac ou dans ses dernières voies que ce suc, d'abord âpre et revêche sous l'écorce, prend une saveur douce, toute pareille, à en juger par le goût, à celle de la miellée végétale, tant celle qui transpire des feuilles que celle qui naît dans les vases à nectar; et si cette dernière a quelque chose de plus, c'est qu'elle se mêle avec l'huile essentielle des fleurs, ce qui donne au miel ses différents parfums.

» Les pucerons, dit encore M. Sauvage, sont les seuls animaux que je connaisse qui fabriquent réellement du miel; leurs viscères en sont le vrai laboratoire. Ce mixte, ou une bonne partie de sa totalité, n'est que l'excédant ou le résidu de leur nourriture, dont ils se déchargent, comme nous l'avons dit, par les voies ordinaires.

DES POSITIONS DIFFÉRENTES POUR LE PRODUIT DES ABEILLES.

Ducarne et Paltau distinguent trois sortes de positions dans l'économie des abeilles.

L'une, médiocre, savoir les blés, les prairies et les petits ruisseaux. La seconde, bonne par l'abondance des prés, la proximité des bois, de grandes friches et de ruisseaux. Le voisinage des prairies, du sarrazin et des montagnes couvertes d'herbes odoriférantes, l'éloignement des étangs d'une certaine largeur, font l'excellente position.

La température plus ou moins humide, les chaleurs plus ou moins violentes, les vents plus ou moins desséchants, les hivers plus ou moins doux, modifient encore les divers cantons, et les rendent plus ou moins propres à la culture des abeilles.

Ces différences font beaucoup varier les soins à donner aux abeilles, et on est souvent obligé de les nourrir dans un canton, pendant qu'on récolte du miel dans un autre.

PLANTES QUI FOURNISSENT BEAUCOUP ET DE BON MIEL.

Toutes les plantes aromatiques fournissent beaucoup de pollen, et d'une bonne qualité, pour faire d'excellents miels ; tels sont les thyms, les marjolaines, les sarriètes, les romarins, etc. Les bruyères, les gramens, les fèves, etc., en donnent aussi une quantité considérable. Les fleurs de fruits à noyau et à pépin sont couvertes d'abeilles. En général les labiées, les rosacées, les légumineuses et les bruyères sont très recherchées des abeilles. Parmi les arbres étrangers, les orangers, les citronniers, les sophora-japonica et accacias donnent aux abeilles une ample récolte de nectar.

Le miel recueilli sur les orangers est supérieur à tous les autres. C'est ce qui donne au miel de l'île de Cuba le premier rang parmi les différens miels connus. Aussi les abeilles en sont elles avides, et tant qu'elles trouvent du nectar dans leurs fleurs, elles n'en ramassent pas d'autre.

Toutes les plantes ne fleurissent pas à la même époque. Les fleurs des unes annoncent le printemps : tels sont les primevères, les jacinthes, les coudriers, les saules, etc. D'autres, en très grand nombre, fleurissent pendant cette saison, quoiqu'un peu plus tard ; quelques autres dans l'été, et le plus petit nombre en automne, comme le sarrazin ou blé noir, plusieurs bruyères, le sophora-japonica, les plantes des prairies artificielles qu'on coupe à plusieurs reprises, etc.

L'époque principale de la floraison dans chaque canton détermine le grand travail des abeilles et le temps de l'essaimage. S'il y a deux époques bien marquées pour la floraison, il y en a également ment deux pour l'essaimage.

DES PLANTES NUISIBLES A LA QUALITÉ DU MIEL.

Les abeilles font peu de distinction entre les plantes qui peuvent avoir des effets nuisibles, par rapport à l'homme ; il leur suffit d'y trouver la matière de leur récolte. Vraisemblablement certains sucs, dont nous n'avalons pas le miel, ne causent aucune altération dans l'état des abeilles. Quelques agronomes soupçonnent que la jusquiame, les tithymales, la ciguë, et autres plantes dont le suc est reconnu pour dangereux, peuvent communiquer leur malignité au miel qui en serait extrait.

Dioscoride, Pline, Xénophon, Diodore de Sicile, et le P. Lambert, missionnaire théatin, parlent des effets pernicieux de certains miels de la Grèce. Leurs observations, comparées avec les connaissances de la botanique et avec les opinions vulgaires, ont donné lieu à Tournefort d'en attribuer la cause au suc de certaines espèces de lauriers roses, mis à contribution par les abeilles.

Il y a des années, dit Pline, que le miel est dangereux autour d'Héraclée, du Pont. Les anciens n'ont pas connu de quelle fleur les abeilles le tiraient : voici ce que nous en savons. Il y a une plante dans ce quartier, appelée *œgolethron*, dont les fleurs, dans les printemps humides, acquièrent une qualité très dangereuse, lorsqu'elles se flétrissent. Le miel que les abeilles en font est plus liquide que l'ordinaire, plus pesant, et plus rouge. Son odeur fait éternuer; ceux qui en ont mangé suent terriblement, se couchent à terre, et ne demandent que des boissons rafraîchissantes. On trouve sur les mêmes côtes du Pont une autre sorte de miel qui est nommé *mœnomenon*, parce qu'il rend insensés ceux qui en mangent; on croit que les abeilles l'amassent sur les fleurs du *rhodendros*, qui s'y trouve communément dans les forêts.

Tournefort, dans son *Voyage du Levant*, prétend que la plante que Pline nomme *ægolehon* est cette espèce de *chamærodendros pontica maxima*, *mespili folio flore luteo;* Tourn., *coroll.* 42, et que celle à laquelle Pline donne le nom de *rhodendros* est le *chamærodendros pontica maxima*, *foliis laurocerasi, flore cæruleo purpurascente*, Tourn., *cor.* 42.

Quand l'armée des dix mille approcha de Trésibonde, il arriva aux soldats un accident fort étrange, pour avoir mangé du miel qui se trouvait dans le pays, et qui causa parmi eux une grande consternation, suivant le rapport de Xénophon, qui en était un des principaux chefs. Diodore de Sicile parle aussi de cet accident. Il y a toute apparence, dit Tournefort, que le miel avait été sucé sur quelques unes des fleurs du *chamærodendros*, dont les environs de Trébisonde sont très garnis.

CHAPITRE IV.

FIQURES DES ABEILLES.

On a donné bien des recettes contre la piqûre des abeilles : voici un remède fort simple, que nous avons éprouvé nous-même ; il consiste à avoir l'attention de tirer ou faire tirer promptement par d'autres l'aiguillon que l'abeille a dardé, et qui pénètre d'abord dans les chairs, dans lesquelles il s'introduit, de quoi on ne tarde guère de s'apercevoir, par la douleur vive et cuisante qu'il cause ; après quoi, il faudra bassiner l'endroit de la piqûre, et le bien laver avec de l'eau fraîche et nette ; on peut même y appliquer quelques petites compresses humectées dans cette eau, et les maintenir pendant quelques instants sur la piqûre : sans prendre cette dernière précaution, nous nous sommes guéri dans le moment ; l'eau amortit sans doute et diminue l'action du venin, que l'aiguillon resté dans les chairs y augmente par sa présence.

L'expérience nous a fait connaître que c'est de tous les remèdes le plus prompt, le plus assuré et le plus facile à faire ; et au moment de l'application de l'eau fraîche sur la partie piquée, on s'aperçoit de la diminution, et peu de temps après de la cessation de la douleur, dont la violence se réduit à rien ; et l'enflure, qui serait devenue considérable infailliblement, surtout si les piqûres sont redoublées et multipliées, au lieu d'augmenter comme c'est l'ordinaire, disparaît sans douleur, et on ne s'en aperçoit point le moment d'après qu'on a été piqué.

Il est dit dans le dictionnaire botanique, au mot *guimauve*, que si on se frotte les mains de jus de mauve ou de guimauve, on sera préservé, et même guéri des piqûres des guêpes et des mouches à miel ; n'ayant pas fait usage de ce remède, nous ne pouvons en certifier la bonté. On conseille aussi d'employer pour bassiner, le *laudanum*, le suc laiteux du pavot, etc. L'eau fraîche fait tout aussi bien. Si la piqûre est dans la bouche, il faut y tenir continuellement de l'eau fraîche, même à la glace, que l'on renouvelle à chaque instant. Lorsque la piqûre est dans la gorge, on peut avaler des cuillerées d'huile, du vinaigre étendu dans de l'eau fraîche même. Si la langue est piquée, on l'humectera avec une plume trempée dans un mélange de fort vinaigre, d'eau et de miel.

Au reste, le venin est plus ou moins actif, suivant la température et le tempérament; les abeilles sont également plus douces dans les climats tempérés que dans ceux très chauds. C'est ce que l'abbé *della Rocca*, a été à même de vérifier, ayant vécu dans les isles de l'Archipel grec, et dans le département de Seine-et-Oise, où la température est plus douce. Il affirme que les abeilles de ce département sont moins méchantes que celles de l'archipel, et il cite en faveur de ces dernières quelques traits dignes d'être consignés dans l'histoire.

Un petit corsaire de quarante à cinquante hommes d'équipage, ayant à son bord quelques ruches de terre cuite, forma le projet d'aborder une galère turque de cinq cents hommes d'équipage, qui le poursuivait. Le corsaire jeta de la hune de son grand mât, les ruches dans la galère turque. Les Turcs, qui ne purent se garantir des piqûres de ces insectes, en furent si effrayés, qu'ils ne songèrent qu'à se mettre à l'abri de leur fureur ; mais l'équipage du corsaire, muni de gants et de masques, se jeta sur eux à coups de sabre, et s'empara de la galère, sans presque aucune résistance. Il ajoute qu'Amurath, empereur des Turcs, ayant assiégé Albe la grecque, et renversé des pans de muraille, trouva les brèches défendues par les abeilles, dont on avait apporté les ruches sur les ruines. Les janissaires, quoique les milices les plus braves de l'empire ottoman, n'osèrent jamais franchir cet obstacle.

Pingeron dit que les Espagnols éprouvèrent la fureur des abeilles au siége de Tanly. Comme ils se disposaient à donner l'assaut, les assiégés garnirent les brèches avec des ruches, et il fut impossible aux assiégeants de passer outre.

MOYENS DE RENDRE LES ABEILLES PAISIBLES.

On évitera la fureur des abeilles, en les traitant avec douceur, en ayant attention de ne pas les irriter par des mouvements brusques, des secousses violen-

tes , de ne pas les blesser , et surtout de
ne pas souffler son haleine sur elles ,
ayant le visage trop près.

VÊTEMENTS POUR SE PRÉSERVER DE LA PIQURE DES ABEILLES.

Lorsqu'on approche habituellement
les abeilles , il faut éviter dans ses vête-
mens des couleurs sombres telles que le
noir, le brun et le bleu. Dans leur colère
elles s'attachent aux chapeaux noirs, aux
cheveux, aux sourcils. Il faut des vête-
mens et des feutres gris.

On aura soin de se précautionner aussi
d'un masque en canevas ou gaze, avec
une collerette que le gilet recouvrira. Ce
gilet sera ample et croisé, les boutons très
près les uns des autres, et les manches tomberont jusque sur les poignets : on aura
aussi un pantalon très large, qu'on puisse
mettre sans ôter ses souliers ; il descendra
jusque sur les pieds, et montera de manière
à recouvrir le gilet. Les gants seront de
daim ou de peau de mouton ; ils monte-
ront jusque vers le milieu de l'avant-bras,
et seront recouverts par les manches du

gilet, qu'on boutonnera par dessus. Ils seront assez larges pour laisser aux doigts la liberté d'agir.

CHAPITRE V.

DU VOYAGE DES ABEILLES.

La méthode de faire voyager les abeilles n'est pas nouvelle. Elle était connue des Egytiens, où probablement elle a pris naissance. Les habitants de quelques cantons d'Italie ont adopté cette méthode. Ils embarquent leurs ruches, qui sont communément en bois, et les promènent sur leurs rivières, et principalement sur le Pô. Quand les plaines sont brûlées par les grandes chaleurs, ils se rapprochent des montagnes.

Cette industrie les met à même de faire deux récoltes de miel et de cire : elle est donc utile, puisqu'au moyen de ces deux récoltes, les cultivateurs peuvent partager les provisions de ces abeilles, qui n'auraient pu que se suffire, si elles n'avaient pas voyagé.

On a suivi cette méthode dans les plaines de la Beauce, et dans quelques parties du Gatinais ; quand les abeilles ont recueilli le miel dans ces cantons, et que la terre ne peut plus les nourrir, on les transporte ailleurs ; les environs de la forêt d'Orléans, sont couverts de ruches à certaines époques.

On ne peut faire voyager les abeilles avec avantage, qu'autant qu'on est à même de les transporter dans un canton qui leur offre des fleurs dont elles sont privées dans l'endroit où on les tient ordinairement ; c'est ainsi, par exemple, que quand les sainfoins sont fauchés, on peut transporter les ruches dans les contrées où l'on cultive beaucoup de sarrasin. Là, les abeilles font d'abondantes récoltes, qui les mettent en état d'attendre le retour du printemps, et le propriétaire augmente ses produits quelquefois du double, parce que le temps de la floraison du sarrasin est presque toujours plus favorable aux abeilles que celui où le sainfoin fleurit. Avant de transporter les ruches d'un pays dans un autre, il faut les transvaser, si ce sont des ruches en cloche ou en cône ; quant aux ruches à hausses, à la Gelieu, à livrets, etc., etc., on n'en laisse qu'une seule partie afin que le transport soit plus facile ; et lorsqu'on est arrivé sur le lieu, on ajoute à chaque espèce de ruche les portions nécessaires pour le travail des abeilles.

On suivra, pour ce transport, les conseils que nous avons donnés à l'article du *Transport des ruches* [1]. Nous ajouterons ici, que si les ruches sont transvasées, on peut en charger une charrette sans nulle inconvénient, et que, quant aux autres, on doit multiplier les traverses dans toutes celles que l'on destine à voyager. C'est le vrai moyen d'éviter les accidents.

2e partie, page 40.

QUATRIÈME PARTIE.

DES ESSAIMS [1].

CHAPITRE PREMIER.

DES ESSAIMS.

Nous avons dit plus haut, que dans une ruche il n'y avait qu'une reine. En effet, attentifs à la naissance des jeunes reines, les faux-bourdons et les abeilles ouvrières veillent autour de leurs cellules, en renforcent les parois, ne laissent au couvercle qu'une petite ouverture par où la prisonnière reçoit la nourriture qu'on lui prodigue, et prolongent sa captivité jusqu'au moment où, soit par suite d'excès de population, soit par toute autre cause, il se fait une émigration volontaire conduite par la vieille reine, qui

[1] Mémoires de la Société d'agriculture du département de la Seine. — Lombard. — Beaunier. Féburier, etc. — Observations de l'auteur.

laisse vacant le trône qu'elle ne pourrait défendre. C'est cette émigration qu'on appelle *essaim naturel*.

DE L'ATTENTION QU'ON DOIT AVOIR QUELQUE TEMPS AVANT LA SAISON DES ESSAIMS.

Il ne faut pas attendre au temps où les abeilles sont prêtes à essaimer, pour se procurer tout ce dont on aura besoin alors.

La première attention qu'il faut avoir vers le mois d'avril, c'est de considérer si l'on a un nombre suffisant de ruches, qui doit excéder celui des essaims présumés. Si ce sont de vieilles ruches, on en retire les rayons qui pourraient contenir des œufs de fausses teignes, on les nettoie bien, puis on les tient quelque temps sur un brasier, ou on prend une poignée de paille qu'on allume par une de ses extrémités, et qu'on insère dans la ruche en faisant porter la flamme sur toutes ses parties. On les frotte ensuite avec une poignée de thym, ou des extrémités de tiges de fèves, et, à défaut, d'autres plantes dont l'odeur est agréable aux abeilles. Quant aux ruches neuves ordinaires, il ne s'agit que de les frotter.

Les ruches où il est nécessaire de diriger les rayons, exigent une autre préparation, c'est d'y placer un morceau de rayon dans le sens où l'on veut faire travailler les abeilles. Il faut avoir du miel commun, ou du sirop de miel [1], et un gros pinceau dont on se sert pour enduire l'intérieur des ruches de miel ou de sirop. On sera dispensé de cette préparation si, lorsqu'on a ôté les rayons des ruches, on a eu soin de les laisser exposées au soleil le reste de la saison ; elles contractent alors une odeur aromatique qui se perd pendant l'hiver, mais qui revient au printemps par une nouvelle exposition au soleil.

Si les facultés du propriétaire le lui permettent, il se procurera de petites pompes foulantes en cuivre, qu'on nomme *pompes de jardins* ; elles sont très commodes pour lancer de l'eau sur les essaims qu'on craint de perdre, ou qui se posent difficilement ; deux ou trois de ces pompes suffisent. L'on doit aussi avoir plusieurs sceaux de bois et des balais que l'on trempe dans l'eau pour asperger les essaims, lorsqu'on n'a pas de pompes.

[1] Voy. Nourriture des abeilles, page 147.

Il faut se munir d'un certain nombre de perches garnies à un bout de crochets de fer, pour atteindre sur les branches sur lesquelles ces essaims se portent. Une de ces perches sera fourchue pour recevoir un cercle soutenu par deux pivots, de manière que la ruche en cloche, que l'on placera dans ce cercle, l'ouverture en haut, se meuve librement, de quelque manière qu'on tienne la perche. Une ruche ainsi disposée, est très utile pour recueillir les essaims placés très haut. Une attention bien essentielle, c'est de s'occuper des moyens de se soustraire aux piqûres des abeilles.

INDICE DE LA SORTIE DES ESSAIMS

L'apparition des faux-bourdons annonce la saison des essaims. On est certain, en les voyant paraître, que la mère-abeille a pondu dans les alvéoles royaux. On peut alors visiter quelques ruches, pour vérifier si ces alvéoles sont garnis d'un couvercle. Dans ce cas on doit doubler de soins et de surveillance. Le temps où les ruches essaiment n'est point le même par toute la France ; non-seule-

ment il diffère d'un département à un
autre , mais encore dans les cantons d'un
même département. En général elles essaiment plutôt dans les département méridionaux que dans ceux du Nord ; cette
différence est de trois semaines ou un
mois , de mai à juin. Mais dans les cantons de ces départements où l'on ne cultive que du sarrasin , les ruches n'essaiment qu'en juillet; et s'il y a quelque
différence à cet égard , elle vient de ce
que le pays produit assez de fleurs pour
fournir aux abeilles les provisions dont
elles ont besoin.

Ces différences dans la sortie des essaims prouvent que la chaleur ne suffit
pas pour déterminer cette sortie , et l'on
conçoit, en effet , que les essaims ne
doivent sortir que dans le temps où la
campagne leur offre d'abondantes provisions. Dans les environs de Paris , la sortie des essaims a communément lieu du
20 mai au 30 juin.

C'est ordinairement depuis 10 heures
du matin jusqu'à 3 heures après midi,
par une belle journée, que les essaims
sortent. On doit les surveiller , même
les jours où le ciel est couvert, et où
il pleut ; car un rayon de soleil d'un

instant suffit souvent pour déterminer l'essaim à partir.

Il est encore un signe qui indique assez sûrement la prochaine sortie d'un essaim, c'est l'accumulation des abeilles devant leur ruche et sur son plateau. Cette accumulation des abeilles devant leur ruche n'est cependant pas toujours un signe certain de la prochaine sortie d'un essaim. Il y a des ruches qui essaiment sans qu'on l'ait observé, et d'autres fois elles restent accumulées plusieurs semaines sans essaimer. Dans ce dernier cas, il faut augmenter la capacité de la ruche, ce qui procure un emplacement pour occuper les ouvrières oisives. Les ruches à hausses sont fort commodes pour cela. On peut aussi obliger les abeilles à sortir de la ruche, de la manière dont nous le dirons bientôt.

SOINS A PRENDRE LORSQU'ON ATTEND LES ESSAIMS.

S'il n'y a point d'arbres ou d'arbustes dans le voisinage des ruches ou ruchers, on y suppléera en plaçant de petits fagots debout et appuyés solidement, espacés de deux ou trois toises, et assez éloignés des ruches pour qu'il n'y fassent pas d'ombre.

On se munira de sceaux pleins d'eau, de balais, de nappes, de serviettes, de ficelle, d'un couteau, de ciseaux, d'éponges, de balais de plumes.

On préparera les ruches, comme nous l'avons dit plus haut, et l'on aura soin de les suspendre pour éviter la visite des fourmis. Si l'on voit pendant la saison des essaims, que les abeilles tuent les jeunes reines qui sont écloses, et qu'elles fassent la guerre aux bourdons, et jettent dehors les vers qui ne sont pas encore métamorphosés, il est inutile de les surveiller, et de faire des préparatifs pour recevoir leurs essaims, parce qu'à coup sûr elles n'essaimeront pas.

Les jeunes abeilles, ou le couvain, étant sorties des alvéoles où elles ont été formées, on voit les vieilles occupées à les essuyer et à les nettoyer proprement, leur ôtant les petits morceaux de cire, ou les pellicules qu'elles peuvent avoir sur elles, et elles ne manquent pas de leur donner à manger de la manière dont nous l'avons dit; et à mesure qu'il en est d'écloses, et qu'elles ont été soignées, elles descendent au bas de la ruche, pour s'y accoutumer à l'air petit à petit ; et tout l'essaim s'y assemble dans un coin , et y reste quelque temps, comme faisant bande à part.

Ces jeunes abeilles sortent à l'entrée de la ruche pour se jouer au soleil, et s'y fortifier ; puis elles s'essaient à voltiger devant leur ruche , principalement pendant la plus grande chaleur : lorsqu'elles se sentent fortes , elles commencent à s'exposer à aller plus loin , et elles se livrent en pleine campagne, où elles amassent miel et cire , comme les vieilles ; et elles font ainsi leur apprentissage , en voyant travailler les autres , ce à quoi leur instinct naturel les porte , elles deviennent capables et habiles ouvrières en très peu de temps , par cet instinct naturel qui leur fait imiter leurs compagnes avec la même industrie, le même goût , et la même ardeur pour le travail.

Ces jeunes abeilles enfin parvenues au point de perfection à pouvoir travailler elles-mêmes sans secours, s'assemblent comme pour délibérer de leur séparation, et elles se rangent autour de leurs jeunes reines, qui les passent toutes en revue, qui donnent l'ordre et le signal pour leur départ prochain , par un petit bourdonne ment clair qui se distingue aisément de celui du reste des autres abeilles, qui ne tardent pas ensuite à aller chercher une autre habitation ailleurs.

Comme les jeunes abeilles sont averties, suivant toute apparence, de l'intention de la reine pour leur séparation, elles s'y disposent en se remplissant de miel, tant pour prendre des forces pour leur voyage, que pour soutenir la faim plus long temps, en cas qu'il devienne pluvieux, et jusqu'à ce qu'elles aient amassé de quoi vivre. Est-ce aux dépens de leurs mères qu'elles quittent, qu'elles se remplissent de la sorte? ou est-ce un instinct naturel qui leur fournit l'idée de cette précaution, qu'elles prennent certainement, car il est aisé de connaître et de distinguer une abeille bien repue et rassasiée, d'avec une qui est à jeun. Les yeux suffisent pour convaincre les incrédules sur ce fait; et l'expérience d'écraser une de ces jeunes abeilles et une vieille, fera convenir de cette vérité quiconque pourrait en douter, parce que l'on verrait du miel dans la première, qu'on ne trouverait pas en même quantité dans la seconde, à moins qu'elle ne vienne d'en amasser aux champs : on pourrait supposer plus d'appétit dans les jeunes que dans les vieilles, mais vainement et sans raison : et soit qu'elles se pourvoient de vivres dans la demeure qu'elles quittent, ou qu'elles s'en munissent à la campagne, il est vrai qu'elles en sont pourvues au moment de leur séparation; ce qui prouve ce que nous avançons, c'est le travail d'un essaim mis nouvellement dans une ruche vide et neuve, sans qu'il en soit sorti aucune abeille, à cause de la rigueur du mauvais temps survenu, depuis qu'elles sont dans cette habitation nouvelle. On ne peut donc douter qu'elles ont pris la première précaution, et celle de se remplir aussi de cire brute avant de s'être séparées de leur mère ruche.

Le moment de partir étant arrivé, après qu'elles se sont munies de provisions pour quelques jours, suivant toute apparence, elles descendent au bas et à l'entrée de la ruche, où elles nettoient leurs pattes, avec lesquelles elles frottent leurs ailes, en tournant autour de leur reine, qui examine le temps qu'il fait, et qui profite du premier rayon de soleil favorable à son dessein, pour exécuter l'entreprise de sa séparation.

Il y a aussi un nombre de vieilles qui sont de la partie, comme si elles n'en étaient que pour aider les jeunes à se mettre en ménage, et à commencer le premier ouvrage de leur nouvelle demeure.

La jeune souveraine, tendre et délicate, qui n'est point accoutumée à de longues courses, après avoir voltigé quelques minutes en l'air, prend le parti de se reposer : ayant vu sa suite en l'air, autour d'elle, elle s'élève plus ou moins, selon qu'elle est forte, et selon le vent qu'il fait à l'instant de sa sortie; car plus il fait de vent, plus elle s'élève, soit qu'elle soit entraînée par sa violence, à laquelle elle ne peut résister, soit qu'elle prétende le trouver moins violent dans une région de l'air plus élevée ; enfin elle se détermine à se porter haut ou bas, s'attachant à une branche, ou ailleurs, à son gré. Aussitôt qu'elle est posée, vous voyez toute la troupe s'attacher à l'envi autour d'elle, soit par honneur, soit par affection, soit pour la garantir de l'injure de l'air et de l'ardeur du soleil. Enfin, toutes les abeilles qui composent cet essaim, forment un peloton gros à proportion de la quantité d'abeilles qui le

composent, et qui restent dans cette situation pendant un temps considérable ;
à moins que leur reine ne s'en dégoûte,
et elles ne la quittent point, qu'elle n'ait
pris son essor pour aller prendre logement, si on ne se dépêche de la loger à
son goût et selon son désir.

PROCÉDÉS POUR RECUEILLIR LES ESSAIMS.

Il faut donc se hâter de recueillir l'essaim,
car la chaleur du soleil pourrait le déterminer à se relever ; s'il est le long d'un
arbre, on présente l'ouverture de la ruche en cloche placée au bout de la perche,
de manière que son bord touche le bord
supérieur de l'essaim ; s'il est attaché à
une branche, on écarte les brandilles et
les feuilles, et l'on fait en sorte que le
bord de la ruche touche l'essaim ; il ne
tarde pas à y entrer. Il faut, autant qu'on
le peut, placer la ruche de façon qu'elle
mette l'essaim à l'abri du soleil.

La ruche placée, on l'assujettira avec
les autres perches, qui, étant fourchues,
sont fort propres à la fixer solidement ;
on couvrira la ruche avec une nappe, et

on regardera si les abeilles entrent dans la ruche. Si l'essaim est trop élevé, on attachera la nape à deux perches par ses deux extrémités supérieures, on placera ces perches contre l'arbre, et il sera facile de recouvrir la ruche; si elle convient aux abeilles, une demi-heure suffira pour recueillir un essaim.

Si les abeilles refusent d'entrer dans la ruche, on en substitue une autre; si elles la rebutent encore, on leur en présentera une troisième : si elles s'obstinent à n'y pas entrer, on attendra le coucher du soleil ; on les y forcera alors en les touchant légèrement et fréquemment, avec un balai fait de camomille puante ou d'herbes attachées à une perche.

Lorsque tout l'essaim est entré dans la ruche, on enlève la nappe qui la couvrait, on étend un linge à terre, on descend bien doucement la ruche, on la pose sur le linge étendu; si une partie de l'essaim tombe, il ne faut pas s'en inquiéter, parce que ces abeilles iront bientôt rejoindre les autres; on aura seulement la précaution de soulever un peu la ruche au moyen d'une calle, pour faciliter leur réunion. Si l'essaim doit rester dans la ruche qui l'a reçu, il faut, aussitôt que toutes les abeilles sont rentrées, la porter à sa place ; s'il doit occuper une autre ruche, on l'enveloppera d'un linge, on la portera à l'ombre jusqu'au soir, on soulevera la ruche en mettant une calle sous le bord, pour donner passage aux abeilles ; si une partie retourne à l'endroit où était l'essaim, elles ne tarderont pas à venir se réunir aux autres. Il arrive quelquefois que l'essaim sort, quelques jours après, de la ruche où on l'avait placé, il faut le recueillir et lui présenter une autre ruche.

Si l'essaim est posé sur une petite branche, on peut la couper avec le moins de secousse possible, et la mettre sous la ruche destinée à le recevoir. S'il s'est fixé sur le tronc d'un arbre, on le fait tomber, en le balayant en quelque sorte, avec un balai de plumes, dans la ruche dont on lui présente l'ouverture.

L'essaim est-il placé au haut d'un arbre fort élevé, on fait usage de la ruche enchassée dans un cercle fixé à pivots au bout d'une perche assez longue ; on présente l'ouverture de cette ruche sous l'essaim, et au moyen d'une perche armée de crochets, on saisit la branche, on l'agite, l'essaim tombe dans la ruche

qu'on descend doucement, et qu'on recouvre avec celle où l'on veut loger l'essaim ; on enveloppe ces deux ruches avec
un linge, en observant de laisser une
issue pour faciliter l'entrée des abeilles
qui sont tombées ou qui sont restées sur
l'arbre ; cette dernière opération doit se
faire vers le coucher du soleil.

Voici encore un autre moyen qu'on
peut employer pour recueillir les essaims.
On se sert d'une bascule qui consiste dans
un cadre de fer, dont le fond est fermé
par plusieurs fils de fer qui se croisent,
de sorte que la ruche y entre à moitié ;
ce cadre a un manche d'une longueur in-
déterminée, dont le milieu entre dans une
entaille faite au bout d'une perche, laquelle sert de pied à la bascule, et qui
est aussi d'une longueur arbitraire. Le
manche de la bascule est élevé sur ce
pied, et joue comme le fléau d'une balance ; il a à son autre extrémité une
corde qu'on lâche pour faire baisser la
bascule, et qu'on tire pour l'élever aussi
haut qu'on le désire. Il faut, s'il est possible, conduire la bascule jusqu'à ce que
l'essaim se trouve dans la ruche ; quand
on l'y a fait tomber, on lâche la corde
pour baisser le cadre et la ruche, qu'il

contient, puis on tire de côté le pied de la bascule , et on renverse la ruche, pour la mettre dans sa position naturelle. A défaut de bascule on peut se servir d'un cadre d'osier ou de gros fil-de-fer, garni d'une toile claire taillée comme un filet de pêcheur ; on l'élève au bout d'une perche jusqu'au dessous de l'essaim, que l'on balance et que l'on secoue dedans. Ensuite on ferme la toile par le moyen d'un nœud coulant , après quoi on vide l'essaim dans une ruche.

VARIÉTÉS QUE PRÉSENTE QUELQUEFOIS LA SORTIE DES ESSAIMS.

Il arrive quelquefois que les essaims, après être sortis, retournent dans leurs propres ruches, ou se rendent dans d'autres ruches ; alors, ou les abeilles sont massacrées en arrivant dans ces nouvelles ruches, ou bien, vivant en bonne intelligence avec leurs hôtesses, elles sortent quelques jours après, soit seules, soit réunies à un essaim de cette ruche étrangère, qui se joint à elle.

Si l'essaim sorti se fixe d'abord, puis change de place, et menace de retourner dans sa ruche ou dans d'autres, il faut se hâter de recueillir les premières mouches qui se posent, c'est le moyen de fixer l'émigration de l'essaim entier, quoique ce moyen ne réussisse pas toujours.

Si l'essaim se sépare en plusieurs groupes posés en différents endroits, il faut attendre leur réunion, ce qui arrive quelquefois au bout d'une heure ou deux; si ces groupes restent constamment séparés, on les recueillera chacun séparément, pour les recevoir ensuite comme nous l'avons enseigné. Quelquefois plusieurs ruches essaiment en même temps, et il arrive que les essaims se réunissent : dans ce cas on recueillera les deux essaims réunis dans une ruche assez grande pour contenir leur travail commun, sinon on leur présentera plusieurs ruches, soit en les recueillant, soit au moment où on les introduira dans les ruches où elles doivent rester.

On conseille, pour empêcher deux essaims, qui sortent en même temps, de se tenir entre les deux ruches, et d'asperger les abeilles d'eau ou de sable, tandis qu'une autre personne placée aussi entre les deux ruches, agitera en l'air un grand rameau garni de feuilles.

Les essaims qui s'élèvent trop haut et

qui paraissent vouloir aller loin, seront rappelés à se fixer au moyen d'aspersion abondante d'eau qu'on leur jettera, ou de la terre sèche qu'on leur lancera coup sur coup avec une pelle. Une décharge d'arme à feu peut aussi les fixer; si les mouches fuient, on les suivra avec une ruche prête à les recevoir, un drap et de la ficelle pour envelopper la ruche ; le propriétaire muni d'une ruche, et qui suit son essaim, a droit de le réclamer partout où il se fixe.

Un essaim choisit quelquefois pour sa première station le milieu d'une haie, ou des trous de murs, des troncs d'arbres creux, des cheminées, etc. Dans plusieurs de ces cas, il est utile d'avoir une ruche de paille sans traverses, ou qui n'en ait que de très faciles à ôter. Cette ruche doit avoir à son sommet une anse d'osier ou de corde, afin qu'on puisse l'attacher, soit à un clou placé dans un mur, soit au bout d'une perche garnie d'une boucle de fil d'archal et d'une ficelle, et enfoncée en terre par le bout opposé. Si c'est dans une haie que l'essaim est placé, il faut couper les branches qui nuisent, enduire de miel l'intérieur de la ruche de paille, la suspendre au-dessus de l'essaim, par le moyen de plusieurs perches ou fourches. Si l'essaim est dans un trou de mur, il faut suspendre la ruche de manière que les bords soient tout auprès du trou, l'envelopper d'un drap mouillé, frapper le mur du côté opposé au trou qu'occupe l'essaim, ou même le percer, afin de faire parvenir de la fumée sur les abeilles, et de les obliger à quitter leur place, qu'on remplit ensuite avec du linge ou avec du foin, pour empêcher les abeilles de reculer. On emploie à peu près les mêmes moyens lorsqu'il s'agit de faire déloger les abeilles d'un tronc d'arbre. Un essaim qui se pose dans une cheminée, peut en être retiré au moyen d'un sac de toile qu'on élève au-dessous de lui, et dans lequel on le fait tomber avec un balai. Autrement on dispose sur la cheminée une ruche à hausses ; un bâton emmiellé établit la communication de l'essaim avec cette ruche, on bouche toute issue qui n'y conduirait pas, et on enfume légèrement les abeilles.

Si l'essaim s'est posé à terre, rien de plus aisé que de le ramasser. Cette position annonce la lassitude de la mère-abeille, et donne l'espoir que l'essaim ne reprendra pas de suite son essor. En conséquence, on pose doucement la ruche sur l'endroit où les abeilles sont en plus grand nombre; on la tient soulevée d'un côté, et on oblige celles qui sont au-dehors d'y rentrer, en les poussant avec un petit balai de plumes, ou en faisant usage de la fumée.

En général, lorsqu'on recueille un essaim, il ne faut point négliger les deux précautions suivantes : 1° éviter l'ardeur du soleil, et opérer à l'ombre autant qu'on le peut ; 2° préserver les essaims de toute secousse brusque et violente, et apporter beaucoup de douceur et de patience dans ses manipulations.

PROCÉDÉS POUR FAIRE PASSER UN ESSAIM D'UNE RUCHE DANS UNE AUTRE.

Il n'est guère possible de recueillir les essaims dans les ruches à hausses, ou composées; on emploie pour cette opération les ruches en cloches. Il s'agit de faire passer l'essaim de cette ruche dans une ruche à hausses. Cette opération doit se faire le soir, un peu avant le coucher du soleil; on étend une nappe à terre, on place à une des extrémités de la nappe, la ruche qui doit recevoir les abeilles, posée sur la planche qui lui sert de support ; on aura eu soin auparavant de constater le poids de la ruche et du plateau. On soulève la ruche au moyen de deux morceaux de bois, et on fait un pli à la nappe près du plateau, pour empêcher les abeilles de se glisser dessous.

Les choses ainsi disposées, on prend la ruche qui a reçu l'essaim, on l'approche vis-à-vis de celle où l'on veut le faire entrer, on élève le bras qui tient la ruche, jusque vers la poitrine, et ensuite on l'abaisse subitement en frappant la ruche qu'on tient sur la nappe ; on l'ôte aussitôt, les abeilles tombent toutes sur la nappe, et se portent sur-le-champ vers la ruche qui leur est destinée, et où elles entrent en foule. S'il reste quelques mouches dans la ruche où était l'essaim, on la secoue sur la nappe et elles vont avec les autres ; si on les laissait la nuit dans cette ruche, elles iraient le lendemain rejoindre leurs compagnes. Il se forme quelquefois sur la nappe des groupes d'abeilles qu'on stimule à entrer dans la ruche, avec un balai d'herbes, ou de plumes, dont on se sert pour les toucher légèrement.

Lorsqu'on veut réunir plusieurs essaims dans la même ruche, on secoue sur la nappe en même temps les ruches qui contiennent les essaims. Les abeilles se mêlent et entrent ensemble dans la nouvelle ruche. Par ce moyen, il n'y a jamais à craindre que les abeilles se tuent, les seules reines surnuméraires sont sacrifiées, car il est bien rare qu'il en reste plus d'une dans une ruche. Voilà la vraie manière de réunir plusieurs essaims, ou les abeilles de plusieurs ruches, sans danger ; dans ce dernier cas, il faut faire passer les abeilles d'une ruche pleine dans une ruche vide ; on les rend ensuite à celle qu'on veut.

La ruche remplie, on la laisse passer la nuit sur la nappe, le lendemain, on la pose sur son plateau, et on s'assure du poids des mouches qu'elle contient, on en prend note, on la met en place, on la scelle tout autour du plateau, et on garnit l'entrée avec la plaque de tôle dont nous avons parlé plus haut.

Plusieurs propriétaires ont la précaution de fixer au haut de la nouvelle ruche, quelques morceaux de rayons de cire remplis de miel et de cire brute, ou de poussière d'étamines pour fournir aux premiers besoins de l'essaim.

S'il s'agit de transvaser une ancienne ruche dans une nouvelle, il faut avoir soin de couper dans l'ancienne ruche, avant de la transvaser, un rayon qui contienne du couvain, et de le fixer dans la nouvelle ruche; c'est un moyen d'attacher les abeilles à cette nouvelle demeure.

CIRCONSTANCES OU IL FAUT NOURRIR LES ESSAIMS.

Les essaims placés, si le temps est à la pluie et qu'il ne permette pas aux abeilles d'aller butiner, il faudra les nourrir comme nous l'avons indiqué, 3e partie, chapitre 1er: *De la nourriture des abeilles.*

MANIÈRES D'ACCÉLÉRER LA SORTIE DES ABEILLES.

On voit des ruches qui semblent promettre d'essaimer, et qui cependant n'essaiment pas : on peut essayer de les y contraindre, 1° en augmentant la chaleur intérieure de la ruche, et pour cela on scellera bien toutes les issues, et on rétrécira la porte au point de ne laisser le

passage que de deux ou trois abeilles ;
2° en frappant légèrement avec une baguette de demi-heure en demi-heure, et
plusieurs jours de suite , les groupes
d'abeilles qui sont à la porte de la ruche,
pour les obliger de s'élever. Si ces moyens
ne réussissent pas, on agrandit la capacité de la ruche, au moyen d'une hausse
ou deux, pour loger l'excédent de la population ; c'est là le cas de placer les nouvelles hausses au-dessous de l'inférieure ;
dans les autres cas , où l'on ôte la hausse
supérieure, on la remplace par une hausse
vide.

DES ESSAIMS SECONDAIRES.

Ordinairement la ruche qui a essaimé
une fois fournit un second essaim au
bout de sept à douze jours, et un troisième après le même intervalle de temps ;
on en a vu donner jusqu'à six essaims.
On les recueille comme les premiers ;
mais si on veut les conserver, il faut les
réunir plusieurs ensemble ; on peut même
les restituer à la ruche mère , soit en
plaçant la ruche qui contient l'essaim
secondaire auprès de la ruche mère , soit
en le secouant sur une nappe tendue à
côté, soit en levant la ruche mère , et en

secouant sur son plateau la ruche qui contient l'essaim, et le recouvrant aussitôt avec la ruche mère.

Si l'on veut réunir deux essaims secondaires, on les recueille chacun séparément dans deux hausses que l'on place ensuite l'une au-dessus de l'autre, ou dans deux boîtes des ruches à la Gelieu, etc., etc.

Si l'on désire fortifier un essaim faible, voici comment on s'y prend : au milieu d'un beau jour propre au travail, vers onze heures ou midi, on choisit une ruche forte en population, telle qu'une ruche qui n'aurait point essaimé; on porte cette ruche à la place de celle qu'occupait l'essaim faible, et on rapporte celui-ci à la place que la ruche forte laisse vacante; les abeilles, qui étaient dehors, rentrent en foule avec leur charge, dans la ruche de l'essaim faible, y vivent en bonne intelligence, et forment une ruche bien peuplée. Pour tromper plus sûrement les abeilles, il faut faire en sorte que l'entrée et l'extérieur des deux ruches se ressemblent.

Il ne sera pas difficile de prouver, ni de persuader que les derniers essaims d'une même ruche, ne valent jamais le premier, qui vient ordinairement dans le mois de mai, pendant lequel toutes sortes de fleurs sont communes et abondantes partout : les bois sont remplis de chevre-feuille, d'épines blanches, de cerisiers, de lierre, de tant de différents arbres fruitiers sauvages; les prairies sont émaillées alors de fleurs de toutes espèces, et il n'y a point de plante, pour bien dire, qui ne donne pendant cette saison charmante , la primeur de ses fleurs chargées de miellée, et d'un suc doux, suave et agréable, au lieu que, dans le mois de juillet et plus tard, les fleurs commencent à disparaître, ou elles ne reviennent que de regain , n'ayant pas la même substance, ni la même humidité nécessaire à la confection du miel, que les premières fleurs; la grande chaleur la dissipant, et le soleil extrêmement chaud, enlevant la rosée onctueuse qui produit le miel, font que les derniers essaims ne peuvent jouir de la véritable saison, pour se faire des provisions d'égale bonté. S'ils en amassent, elles ne sont jamais de qualité aussi excellente que celles que les premiers essaims tirent sur les premières fleurs de l'année ; et si la quantité s'y trouve fortuitement, cette provision n'est pas formée d'un suc si nourrissant, et qui ait tant de force et de vertu que celle qui est amassée dans cette saison agréable, et convenable pour la récolte des bonnes provisions.

D'ailleurs, les abeilles des derniers essaims sont toujours en plus petit nombre ; et moins il y a d'ouvrières, moins il se fait d'ouvrage.

ESSAIMS SANS REINE.

Si l'essaim nouveau ne va pas butiner, quoique le temps l'y invite, c'est une preuve qu'il est privé de reine ; il périra infailliblement si on ne lui en procure pas une : aussi conseille-t-on d'avoir toujours quelques reines en réserve, pour en fournir aux ruches qui en manquent. Si l'on a pas cette ressource, il n'y a d'autre moyen que celui de réunir cet essaim à un autre, ou de le rendre à la ruche d'où il est sorti, ou d'attacher dans la ruche un morceau de rayon qui porte une ou plusieurs cellules royales fermées.

PROCÉDÉ POUR EMPÊCHER LES RUCHES D'ESSAIMER.

Les ruches produisent d'autant plus de cire et de miel, qu'elles essaiment moins, parce qu'étant plus peuplées, le travail y est plus actif ; il est donc quelquefois avantageux d'empêcher ses ruches d'essaimer, sauf à se procurer des essaims artificiels, comme nous l'expliquerons.

Les ruches n'essaiment que parce que le nombre des abeilles est trop grand et qu'elles sont gênées : il ne s'agit donc que d'augmenter la capacité de la ruche ; les mouches se trouveront à leur aise et ne songeront plus à émigrer ; ainsi on mettra une hausse aux ruches de cette espèce, une seconde boîte à côté de celle qui est pleine, etc.

Cette opération doit se faire en avril au plus tard, afin que les abeilles puissent travailler à mesure que leur nombre augmentera.

CHAPITRE III.

ESSAIMS ARTIFICIELS.

Nous avons dit que dans les environs de Paris, la sortie des essaims a communément lieu depuis le 25 mai jusqu'au 25 juin, ordinairement de onze à trois heures, au moment de la plus forte chaleur, et par un soleil continu; mais un temps contraire, c'est-à-dire presque froid et pluvieux, empêche la sortie des essaims. C'est pour prévenir ce retard, qu'on a imaginé de faire des essaims artificiels; cette méthode vaut mieux que d'attendre les essaims naturels tardifs, qui souvent n'ont pas le temps de pouvoir s'approvisionner.

On appelle essaim artificiel la séparation qu'on fait d'une ruche en deux ou trois parties, dont chacune contient une plus ou moins grande quantité d'abeilles avec une reine.

Les ruches à hausses perfectionnées et coupées, les ruches à la Gélieu sont très propres à cette opération, qui se fait au commencement du printemps; il est plus facile alors de fixer les essaims dans les nouvelles ruches.

On commence par séparer les hausses, ou les boîtes à la Gelieu, etc., en mettant entre deux un petit morceau de bois qui les écarte de deux ou trois pouces les unes des autres, on peut les laisser un ou deux jours dans cet état, ayant soin de les visiter souvent, pour s'assurer si les abeilles restent dans les boîtes séparées; dans ce cas l'opération est assurée, alors on prend les nouvelles ruches et on les met aux places qu'on leur a destinées. Il faut augmenter leur capacité par l'addition de hausse ou de boîte, pour les empêcher d'essaimer dans la saison. Il faudra aussi s'assurer de leurs poids afin de pouvoir connaître l'état où elles seront dans l'automne suivant. Cet opération terminée, on augmentera aussi la capacité des ruches qui auront fourni les essaims artificiels.

Si l'on s'apercevait que l'un des nouveaux essaims manque de reine, il faudrait se procurer une cellule royale fermée, et qui contînt seulement une nymphe de reine, l'introduire dans la boîte ou la hausse qui n'a pas de reine; l'espérance de la voir éclore fixera l'essaim, et l'animera au travail.

Lorsqu'on veut former des essaims artificiels dans une ruche à cloche ou en cône, on détache, vers la fin d'avril, d'une ruche très peuplée, un fort gâteau de couvain qu'on place dans une ruche vide. Vers les dix heures du matin, époque du jour où le plus grand nombre des abeilles est en campagne, on enlève la vieille ruche, qu'on transporte dans un lieu absolument séparé du rucher. La nouvelle ruche prend la place de l'ancienne : les abeilles qui reviennent des champs, trompées par l'apparence, entrent dans cette nouvelle ruche, et forment une nouvelle colonie. Il faut avoir soin de prendre un gâteau de couvain qui porte une ou plusieurs cellules royales fermées, et qui donne l'espérance à la nouvelle colonie d'avoir bientôt une reine [1].

[1] Des observateurs prétendent que les abeilles s'en procurent à volonté, en élargissant l'alvéole d'un ver d'abeille ouvrière, et en le nourrissant largement, de manière, disent-ils, que ce surcroît de nourriture contribue à développer dans ce ver et dans sa nymphe des organes sexuels qui, sans cela, seraient demeurés stériles. Ce fait bien extraordinaire a encore besoin d'être confirmé, quoi-

DES ESSAIMS FORCÉS.

Pour faire ces essaims dans les ruches d'une pièce, il est utile d'avoir un cadre ou triangle, ou cercle en bois, d'un pouce et demi à deux pouces d'épaisseur. On le soutient sur trois ou quatre pieds de même force, et on les maintient par deux traverses en croix, à huit à dix pouces au-dessous du cadre ou même plus, suivant la grandeur de la ruche. Le diamètre du cadre est relatif à celui extérieur de la ruche, de manière qu'elle entre facilement dans le cadre quand elle est renversée, et que sa partie supérieure, qui se trouve alors l'inférieure, puisse poser sur les traverses.

On fait l'opération depuis neuf à dix heures du matin jusqu'à deux ou trois du soir, parce qu'à cette époque de la journée il y a un quart ou un tiers des ouvrières aux champs.

Pour opérer, on dépouille la ruche de son surtout, et on la détache du plateau, si on ne l'a pas fait le matin ou la veille. On met les abeilles en état de bruisse-

qu'il soit attesté par des observateurs qui méritent à juste titre la réputation dont ils jouissent.

ment ; ensuite on enlève la ruche, qu'on a dû ou qu'on doit vérifier, conformément aux principes établis. On la retourne, on la porte à quelques pas de distance, et on la fait entrer dans le cadre ; on la recouvre de suite d'une ruche préparée, et on enveloppe avec un linge ou une lisière fort large les deux ruches au point de jonction, pour boucher les jours et particulièrement les entrées des ruches, si elles ne sont pas pratiquées dans le plateau.

On laisse les ruches une ou deux minutes en cet état, et on profite de ce temps pour mettre une ruche vide à la place de celle qu'on a enlevée, afin d'amuser les abeilles qui reviennent des champs, et les empêcher d'entrer dans les ruches voisines.

Les abeilles sortent de l'état de bruissement et remontent à l'extrémité de leurs rayons ; plusieurs même entrent dans la ruche vide. On frappe alors la ruche pleine dans la partie la plus basse avec deux baguettes, et on continue à battre en remontant, jusqu'à ce qu'on entende un fort bourdonnement dans la ruche supérieure ; alors on détache le linge ou la lisière, et on soulève doucement la ruche vide, en examinant avec attention de quel côté montent les abeilles, pour ne pas interrompre la chaîne qu'elles forment; on l'élève un peu du côté opposé à la chaîne, et si on juge qu'il y ait assez d'abeilles, c'est-à-dire si le quart au moins de la ruche est rempli, on sépare les deux ruches; on rapporte la mère ruche à sa place, et on met l'essaim à une certaine distance. S'il n'y a pas assez d'abeilles montées, on frappe de nouveau. On ne doit pas craindre de faire l'essaim un peu fort, parce que les ouvrières qui sont aux champs retourneront à la mère ruche, et que plusieurs des abeilles de l'essaim y reviendront aussi. Le point essentiel est de ne pas laisser la mère dans l'ancienne ruche; sans quoi les ouvrières y retourneraient, et il faudrait recommencer. On le sait bientôt : si elle est avec l'essaim, l'ordre s'y rétablit promptement. Des ouvrières sonnent le rappel à la porte pour faire rentrer celles qui voltigent autour; mais si le silence règne dans la ruche, si on voit des ouvrières sortir; et, après quelques mouvements, retourner à la mère ruche, on peut être sûr que l'opération est manquée.

La ruche mère en fournit également

l'indice ; si la mère n'y est plus, les ouvrières qui y rentrent n'en sortent pas,
et le plus grand silence y règne pendant
quelques heures ; mais la vue des alvéoles
royaux ou des œufs d'ouvrières leur rend
le courage, et elles reprennent leurs travaux avec activité. Si elles continuaient
à ne pas sortir, et si le lendemain elles
n'allaient pas aux champs, ce serait un
indice certain qu'elles n'auraient aucun
moyen de réparer la perte de leur reine, et
la ruche serait perdue, si on ne lui rendait
pas l'essaim, ou si on ne fournissait pas du
couvain de reine ou propre à le devenir.

*Moyen de fournir une reine à une ruche
mère après l'essaimage.*

Lorsqu'on fait cette opération à une
ruche dont les abeilles n'ont qu'une
reine, sans la possibilité de s'en procurer
une autre, il est indispensable de se munir d'une jeune reine ou d'un morceau
de rayon qui contienne du couvain de
reines, ou des œufs ou jeunes vers d'ouvrières. On coupe un morceau de rayon
de la ruche, à peu près dans les proportions du morceau qu'on veut mettre à sa
place, et on le remplace par celui qui

contient l'espoir de la famille. Quand on
a la certitude que la reine est avec l'essaim, et pas plus tôt, on place ce morceau de rayon, ou la jeune reine, dans la
mère ruche. La joie et l'activité remplacent bientôt le silence et le décourage-
ment des ouvrières, et le travail recommence à la vue de la nouvelle souveraine,
ou même dans l'espoir d'en faire une
bientôt, et de prévenir la perte de la famille entière.

Quelquefois, dans ces opérations, la
reine s'obstine à rester dans l'ancienne ruche, et quoiqu'on ait assez d'abeilles dans
la nouvelle, et qu'on la mette en place,
elle est vide quelques heures après; il faut
alors recommencer sur nouveaux frais.

Dans les ruches à hausses et villageoi-
ses, il suffiroit d'enlever une hausse ou la
calotte, de poser une ruche vide sur la
ruche découverte, et d'enfumer pour
faire monter les abeilles; mais ce moyen
plus prompt est quelquefois dangereux,
parce qu'il ne reste pas de mouches dans
la ruche mère, et qu'elle peut être trop
affaiblie, si celles qui sont aux provisions
ne sont pas nombreuses. Le danger n'est
grand cependant que dans les positions
médiocres.

DES ESSAIMS ARTIFICIELS PAR SÉPARA-
TION.

(Ruche à la Bosc, modifiée par M. Féburier.)

Pour parvenir sûrement à faire des essaims par séparation, on fait attention
au côté où on a remarqué des alvéoles
royaux, ou en plus grande quantité. On
frappe légèrement de l'autre côté pour y
attirer la reine ; ensuite on met les abeilles en état de bruissement. On divise
alors tranquillement la ruche en deux
parties. On chasse les abeilles derrière les
rayons du centre, en soufflant de la fumée entre ces deux rayons, au moment où
l'on ouvre la ruche. On prend deux parties de ruches vides, et on en joint une à
une partie pleine ; on les applique doucement l'une contre l'autre, en rapprochant
un côté, et puis l'autre, comme les pages
d'un livre. Si quelques abeilles se présentent, on les écarte avec de la fumée,
pour ne pas les écraser au point de jonction. On rétablit les ligatures avec le fil
de fer, et on a deux ruches moitié vides,
égales en nombre d'abeilles, de couvain
et même de provision.

On commence par clore et lier la ruche
où est la mère, et on la porte de suite à
la place indiquée. On conçoit que pour
réunir ces moitiés de ruches, il faut
qu'elles soient toutes construites sur le
même modèle, que les clous et chevilles
soient placés aux mêmes distances.

Il faut choisir le grand matin ou le soir
pour procéder aux essaims par séparation, et si le temps est assez mauvais
pour empêcher les abeilles de sortir, on
peut le faire toute la journée.

Pour peu qu'on ait cultivé les abeilles,
dit M. Féburier, et qu'on ait surtout essayé à faire des essaims artificiels, on
doit sentir combien cette méthode est facile et prompte; elle réunit tous les avantages des essaims forcés sur les essaims
naturels, et n'a aucun de ses inconvénients. On n'a d'embarras avec ces ruches
que la première fois, pour y faire entrer
un essaim, et la peine n'est pas plus
grande que pour les autres, à moins
qu'on ne mette un fond aux ruches. Alors
il faut recevoir l'essaim avec la moitié de
la ruche, qu'on recouvre de suite avec
l'autre moitié, ou le recueillir dans une
ruche ordinaire. Le soir on ouvre la ruche
à fond; on fait tomber l'essaim dans une

des moitiés, et on le recouvre ensuite avec l'autre moitié.

Les principes pour les essaims forcés et par séparation étant les mêmes, il faut la même instruction pour opérer; mais un essaim forcé peut être manqué, si la reine est restée dans la mère ruche. On ne craint jamais cet inconvénient dans le partage. Dès qu'on a des alvéoles royaux, on est sûr qu'il y aura des mères dans les deux ruches qu'on a faites.

DES ABEILLES SAUVAGES.

Les abeilles sont maintenant très connues dans toutes les parties de l'Amérique du Nord, où on dit qu'on n'en avait jamais vu avant l'arrivée des Européens. Les Indiens, qui n'ont pas de nom pour elles dans leur langue, les appellent des *mouches anglaises*. Le miel est à très bon marché dans tous les anciens établissements, et un grand nombre de fermiers ont depuis vingt jusqu'à trente ruches; indépendamment de cela, on découvre tous les jours, dans les forêts, des arbres dont les troncs creux produisent souvent de soixante-dix à cent cinquante livres de miel. La manière de les reconnaître est

très singulière : les personnes choisies
pour remplir cette mission ramassent un
certain nombre d'abeilles au milieu des
fleurs qui bordent les forêts et les réunissent dans de petites boîtes au fond
desquelles est un morceau de rayon de
miel, et sur la couverture un verre assez
grand pour recevoir la lumière de tous
les côtés. Lorsqu'on suppose que les abeilles ont eu le temps de se rassasier de
miel, on en laisse échapper deux ou
trois, et on observe attentivement la direction qu'elles prennent en volant, jusqu'à ce qu'on les perde de vue dans l'é-
loignement : le chasseur (car c'est ainsi
qu'on nomme les preneurs d'abeilles)
s'avance alors vers le lieu où il a cessé de
les apercevoir ; en donnant la liberté à
une ou deux autres prisonnières, il remarque la direction qu'elles prennent,
comme il a déjà fait pour les premières.
Ce procédé est répété jusqu'au moment
où les abeilles, auxquelles on laisse prendre leur vol, au lieu de suivre la même
direction que les précédentes, volent
dans une direction entièrement opposée.
Quand cela arrive, le chasseur est convaincu qu'il a dépassé l'objet de ses recherches ; car il est généralement re-

connu que si vous enlevez une abeille
de dessus une fleur située à quelque distance donnée au sud de l'arbre auquel
elles appartiennent, et que vous la trans-
portiez dans la prison la mieux fermée à
une égale distance au nord du même arbre,
aussitôt qu'il lui sera permis de s'échapper, après avoir décrit un cercle en volant,
elle prendra directement sa course vers
sa *dulcem domum*, sans dévier en aucune
manière, ni à droite, ni à gauche. D'après
cela, le chasseur qui a pour lui patience,
intelligence et persévérance, est certain
d'avance du succès ; parce que la direction que prend la première abeille est infailliblement celle de l'arbre où loge l'essaim dont elle fait partie. Ainsi, lorsque
les abeilles qui sont successivement mises
en liberté changent leur vol et paraissent
revenir vers le lieu d'où elles sont parties, le chasseur doit être convaincu qu'il
a dépassé l'arbre qu'il cherche : son premier soin alors doit être de tâcher de distinguer l'arbre qui contient les abeilles,
des autres arbres placés dans la même direction. Ce serait naturellement une tâche
très difficile pour une personne non ini-
tiée à de pareilles découvertes. Mais l'a-
dresse du chasseur américain lui a sug-

géré des moyens d'attirer auprès de lui
les abeilles, lorsqu'il n'est pas trop éloigné de l'arbre où elles ont déposé leur
miel. Ces moyens consistent à placer sur
une brique échauffée un morceau de
rayon du miel, dont l'odeur, en fon-
dant, est assez attrayante pour engager
aussitôt toute la tribu à descendre de la
citadelle, et aller à la recherche du miel,
dont l'odeur a pour elle un si puissant
attrait; il ne reste plus alors qu'à abattre
l'arbre, et il est rare que la quantité de
miel qu'on trouve dans son tronc creux
ne dédommage très amplement le chasseur de sa persévérance.

DES ESSAIMS TROUVÉS [1].

Un essaim, parti de quelque rucher,
ou d'un bois qui renferme des *nids d'a-
beilles*, vient se poser dans un lieu plus
ou moins éloigné de celui qui l'a vu naître : à qui doit-il appartenir? Les lois nouvelles, qui n'ont pas statué sur tous les
cas dans cette matière, peuvent être sup-
pléées par les usages des pays où l'on voit

[1] *Éducation des abeilles*, par M. le docteur
Beaunier. — Bibliothèque physico-économique,
année 1824.

un grand nombre de ruches ; par les dispositions que l'on trouve , soit dans les
lois anciennes , soit dans les Coutumes
écrites de plusieurs provinces , et par l'o-
pinion des jurisconsultes qui ont parlé
des abeilles.

La loi concernant les biens et les usages
ruraux, du 6 octobre 1791, porte (*tit.* 1,
sect. 3*ᵉ*, *art.* v) : « Le propriétaire d'un
essaim a le droit de le réclamer, et de s'en
ressaisir tant qu'il n'a point cessé de le
suivre ; autrement l'essaim appartient au
propriétaire du terrain sur lequel il s'est
fixé. »

Dans plusieurs pays on reconnaît une
personne qui suit son essaim, en ce qu'elle
est munie d'un vaisseau vide.

D'après les lois romaines (*Digestorum*
1. XLI, *tit.* 1, *de acquirendo rerum*, etc.),
« les animaux qui se trouvent dans
l'air, dans la mer et sur la terre, sont la
propriété de celui qui s'en saisit, parce
que, n'appartenant à personne, ils doivent, par le droit naturel, être accordés
au premier occupant. Ces animaux, dont
je suis devenu légitime possesseur, cessent
de m'appartenir lorsque je les ai perdus
de vue, et lorsqu'il m'est moralement
impossible de les atteindre. Je conserve

tous mes droits sur eux s'ils sont appri-
voisés, et s'ils persistent dans l'habitude
de sortir et de rentrer régulièrement.....
Les abeilles sont aussi de nature sauvage :
celles qui viennent se poser sur un de mes
arbres ne sont pas plus à moi que les oiseaux qui y feraient leurs nids [1], et
même si elles construisaient des rayons,
un étranger qui s'approprierait leur ouvrage, ne commettrait point, à proprement parler, un larcin envers moi, à
moins que je n'eusse fait une marque à
cet arbre ; il est vrai que j'aurais le droit
de l'empêcher d'entrer sur mon terrain.
Un essaim qui est parti d'une de mes ruches, s'il s'en éloigne, est censé m'appartenir encore tant que je ne l'ai point

(1) Cette disposition n'est pas une suite nécessaire du droit naturel ; elle n'est plus en rapport
avec nos lois ni avec nos usages ; nul doute qu'aujourd'hui on commettrait un véritable larcin si l'on
prenait des rayons de miel sur l'arbre d'autrui.
D'ailleurs, quoique les abeilles soient toujours de
nature sauvage et susceptibles de retourner à l'état
de liberté naturelle, elles doivent être considérées
sous un point de vue différent de ce qu'elles
étaient à l'époque de la confection des lois romaines ; elles sont un objet important de commerce.

perdu de vue, et tant qu'il ne m'est pas difficile de le poursuivre ; autrement il appartient au premier occupant. »

Plusieurs Coutumes, notamment celle de l'ancien Anjou, permettaient au propriétaire d'un essaim de le recueillir partout où il le trouvait, pourvu qu'il n'eût pas cessé de le poursuivre, ou qu'il le reprît *avant que les avettes fussent logées et eussent pris leur nourrissement dans le lieu où elles étaient assises* ; d'où il s'ensuivait que le propriétaire perdait ses droits le lendemain du jour où son essaim s'était assis dans ce lieu. Une disposition analogue se trouve dans une loi romaine (*la loi longobarde*), qui donnait à un chasseur le droit de réclamer une bête qu'il avait blessée , pourvu qu'il ne se fût pas écoulé plus de vingt-quatre heures depuis le moment où il avait frappé sa proie. Il paraît également juste qu'un essaim qui s'est établi dans un arbre, et y a construit des rayons, appartienne au propriétaire de cet arbre. En effet, les abeilles sont assimilées , sous plusieurs rapports, aux pigeons en *colombier ou fuie* , et sont censées faire partie du fonds sur lequel elles se trouvent, principalement dans la saison de leurs

travaux ; elles ne doivent donc pas être
comparées, comme elles l'étaient par le
droit romain, aux oiseaux, qui ne s'établissent sur un arbre que pour y faire
leurs nids [1].

Les principes tirés de ces différentes
sources sont tellement clairs, que les pro-
positions suivantes ne nous paraissent pas
devoir être contestées.

1° Celui qui poursuit un essaim sorti
d'une de ses ruches, a droit de le réclamer et de s'en saisir partout, et même sur
le terrain d'autrui, sauf la réparation du
dommage qu'il occasionerait.

2° Une personne qui aperçoit en l'air
un essaim fuyant, a droit de le poursuivre et de le réclamer partout, comme
lui appartenant, lorsque celle qui en était
propriétaire est inconnue, et qu'elle ne
poursuit point ses abeilles.

3° Un essaim posé sur un arbre dans

____

(1) *Voyez* la Coutume du Loudunais, ch. 1,
art. 13, et ch. 111, art. 3 ; celle du Bourbonnais,
art. 337 ; celle de Tours, tit. 111, art. 54 ; celle
du Maine et de l'Anjou, commentée par POCQUET
DE LIVONNIÈRE, et par OLIVIER DE SAINT-WAST,
art. 12 et 13 ; la Pratique des terriers, tom. 111 ;
le Traité du domaine de la propriété, part. 1,
ch. 11, sect. 1, art. 4, 5, par POTHIER.

un chemin public, si personne ne le poursuit, appartient au premier qui s'en empare.

4° Un essaim qui va se poser sur l'arbre d'un particulier, s'il n'est plus suspendu à la branche, et s'il s'est logé dans un creux de l'arbre pour y construire des rayons, ne peut plus être réclamé par aucune autre personne.

5° Celui qui aperçoit un essaim sur une branche d'arbre, dans un enclos attenant à une maison habitée, ne serait guère recevable à réclamer cet essaim, s'il ne l'avait pas déjà vu et suivi hors de l'enclos ; tout au plus pourrait-il surveiller cet essaim dans l'espoir qu'il repartirait, et irait se poser ailleurs.

CINQUIÈME PARTIE.

CHAPITRE PREMIER.

EXPLOITATION DES RUCHES.

*Des premières occupations des abeilles
dans leur nouvelle demeure.*

Nous avons vu qu'aussitôt qu'un ou
plusieurs essaims sont recueillis dans une
ruche, ils commencent par se défaire des
mères qui se trouvent parmi eux. Ils n'en
réservent qu'une, s'il n'y a qu'un essaim. Ce massacre se fait souvent à la
sourdine et sans tumulte ; mais s'il y en
a plusieurs, il y a guerre ouverte, et
beaucoup d'abeilles ouvrières y périssent.
Se servent-elles de leurs aiguillons contre
leurs ennemis, ou seulement de leurs
dents ou mâchoires, dont elles leur cas-
sent l'aile près du corcelet, toujours ont-

elles le secret de les mettre hors de combat et de les faire périr. La paix ne revient que lorsqu'il n'y a plus qu'une seule mère dans toute la ruche, ou lorsque ces essaims sont venus à bout de se partager le terrain et de se cantonner. Alors il est remarquable que les rayons d'un essaim ne vont pas dans la même parallèle que ceux de son voisin, ils forment avec eux des angles de divers dégrés. On voit aussi que certains rayons forment une séparation du haut de la ruche en bas, pour empêcher la communication d'un essaim avec l'autre. Il y a apparence que ces sortes de rayons se font à frais communs.

Il arrive encore que si l'on a mis trois essaims dans une ruche, deux seulement se font la guerre, pendant que le troisième travaille sans prendre part à ces brouilleries.

Quand la paix est rétablie en tout ou en partie, les abeilles enduisent la ruche d'une espèce de goudron ou résine d'un rouge brun [1] et d'un goût amer. En même temps d'autres se mettent à bâtir des rayons de cire pour recevoir les œufs

[1] *Propolis.*

que la mère-abeille est prête à pondre.
C'est une chose impossible à comprendre,
comment peuvent travailler ces mouches
qui sont toutes accrochées les unes aux
autres par les pattes, et qui paraissent
même alors dans l'inaction. Elles sont
néanmoins fort occupées, pour la plus
grande partie. Pour s'en convaincre, il
n'y a qu'à ôter le surtout de dessus la
ruche, et prêter l'oreille contre, on entend
un bruit semblable à celui que font les
hannetons enfermés dans une boîte ou
dans un cornet de papier. De plus, dès
le troisième ou quatrième jour, on voit
par terre, autour de la ruche, une espèce
de poussière blanche, qui n'est autre
chose que des ratissures de cire qu'elles
ont grattées sur les alvéoles déjà faits,
pour les perfectionner. Elles travaillent
avec une promptitude prodigieuse. On
voit de forts essaims expédier en un jour
une portion de rayon contenant peut-être
trois mille alvéoles, et remplir en vingt
jours leurs ruches de rayons jusqu'au
bas.

Pendant que les unes travaillent au logis, d'autres vont aux champs chercher
des vivres et des matériaux pour bâtir. Il
est assez divertissant de voir au bas d'une

ruche, lorsqu'une abeille arrive des champs, pleine de miel, comme une travailleuse qui a bon appétit, la tourmente pour l'obliger à lui donner à manger. On croirait que l'une cherche querelle à l'autre; mais on voit bientôt la pourvoyeuse présenter sa trompe à sa compagne et la rassasier. Après quoi, elles se quittent bonnes amies. D'autres arrivent, les deux pattes de derrière chargées chacune d'une pelotte de matière à cire. Le poids de ces pelottes, qui leur tirent les jambes en bas en volant, leur donnent assez de ressemblance à de petits porteurs d'eau.

C'est une chose singulière et admirable que la fabrication des alvéoles. Il est étonnant qu'étant si délicatement faits, ils portent un poids aussi considérable que celui du miel, qui va quelquefois à cinquante ou soixante livres; ce qu'ils ne feraient cependant pas, s'ils n'étaient aidés de traverses, etc.

Les abeilles, en bâtissant leurs rayons, y ménagent des passages pour aller d'un quartier de la ruche dans un autre, sans être obligées de faire le tour des rayons de haut en bas.

A mesure que les rayons qu'elles commencent à attacher au haut de la ruche

vide où on les a mises, s'alongent vers le
bas, à mesure le peloton de mouches
descend ; et comme alors ces rayons portent tout le poids des abeilles, il arrive,
s'ils ne sont point encore étayés par les
traverses, qu'ils se détachent et tombent
avec les mouches. Si ces rayons sont re-
tenus dans leur chute par les traverses,
elles les soudent ou à la ruche, ou aux
rayons qui se trouvent proche. S'ils sont
tombés jusque sur la tablette, comme il
n'y a pas force de mouches qui puisse les
remuer, elles en font comme nous d'un
vaisseau échoué. Elles en tirent ce qui
peut leur être de quelqu'utilité, comme
la matière à cire et le miel, et elles l'a-
bandonnent. Elles rebâtissent d'autres
rayons à la place de ceux qui sont tombés. On ne doit pas croire que les alvéoles
qui composent les rayons soient les demeures des mouches ; ils sont destinés en
hiver à contenir le miel et la matière à
cire mise en réserve ; et au printemps,
le couvain, c'est-à-dire les petits, soit
qu'ils soient en œufs, en vers ou en
nymphes.

ÉPOQUE DE LA RÉCOLTE.

Règle générale. — Le propriétaire des ruches ne doit prendre que le superflu des abeilles, et faire même leur part plus forte que la sienne. Le temps le plus convenable à la récolte est la fin de l'hiver, époque où les abeilles n'ont plus ou presque plus besoin de nourriture, et où le retour du printemps les invite à faire une nouvelle récolte de cire et de miel. On commence aussi à récolter dans les ruches depuis le mois d'avril ou de mai. Cette première récolte est celle de la cire [1].

[1] Dans l'extrait du sixième et dernier cours sur *l'Éducation et la conservation des abeilles* (Paris, 1824), LOMBARD y exprime l'idée que si, généralement à cette époque, on enlevait sur chaque ruche une quantité de cire porportionnée à sa force, on augmenterait sensiblement cette récolte en France. Nous allons placer sous les yeux de nos lecteurs un extrait de ce cours, pour les mettre à même de profiter de l'avantage qu'il pourront en retirer.

« Cette récolte, dit-il, dans le département des Landes et les départements voisins, est générale à chaque printemps; elle est d'un produit si considérable, que la cire qui en provient chaque

D'autres sont dans l'usage de faire la récolte vers les premières gelées de l'au-

année est évaluée de six à sept mille francs ; récolte qui peut se faire par toute la France, et qui
ne manque jamais, parce qu'à l'époque de la sortie des essaims, les brèches faites aux rayons sont
réparées, et que dès lors on voit cette récolte assurée pour le printemps suivant : c'est le plus sûr
et le plus important produit des abeilles.

» Cette cire, qui a peu séjourné dans les ruches, est préférée par les ciriers, et se vend sur la
place de Bordeaux quinze et vingt-cinq francs le
quintal plus cher que celle qui provient des ruches
dont les abeilles ont été étouffées.

» Dans les contrées où cette récolte n'a pas
lieu, on n'a, lors des mauvaises années pour les
abeilles, d'autre profit que la dépouille des ruches
mortes, et dans les années fertiles en essaims, on
a peu de chose, parce qu'il est rare de trouver
beaucoup de miel dans les ruches qui ont donné
beaucoup d'essaims, le *couvain* en ayant beaucoup consommé : le miel d'ailleurs est moins précieux que la cire, ne se conservant pas comme elle.

» Cette récolte n'est pas moins utile aux abeilles ; les ruches, dans les contrées où les abeilles
se cultivent en grand, sont sur terre, ayant presque toujours après l'hiver le bas de leurs rayons
altéré par l'humidité, les mulots, etc. Si on ne
les ôte pas, les abeilles emploient beaucoup plus
de temps pour ronger les gâteaux altérés et les réparer, que pour en faire de nouveaux.

tomne, parce qu'on a remarqué que les
abeilles se retirent alors dans la partie de

» En récoltant au printemps les rayons de cire
qui sont vides, on rend un service essentiel aux
abeilles, parce que c'est dans la partie inférieure
de leurs rayons qu'elles élèvent, dans la belle saison, un *couvain* nombreux ; ce qui indique la nécessité de mettre les abeilles en état de renouveler
cette partie. Si on ne le fait pas, la cire noircit,
se durcit ; les alvéoles, tapissés par les soies des
coques successives que les vers filent autour d'eux
avant de passer à l'état de nymphes, et par leurs
corps étrangers, que les abeilles ne peuvent arracher de leurs alvéoles, les épaississent, ce qui nuit
au développement du *couvain*. Cet inconvénient,
poursuit-il, n'a pas lieu lorsqu'on met les abeilles
en état de renouveler à chaque printemps les parties inférieures de leurs rayons. »

Passant ensuite à la description des instruments
nécessaires pour faire cette opération dans les ruches *closes*, il indique que l'époque à laquelle on
peut faire la récolte de cire, est lorsqu'au printemps on voit les abeilles en grande activité et
revenir chargées de pollen ; que cette récolte peut
avoir lieu communément deux mois et demi avant
l'époque ordinaire de la sortie des essaims dans
chaque contrée.

Plus loin, il ajoute que la quantité qu'on doit
enlever à chaque ruche doit être proportionnée à
sa force. « Aux fortes, dit-il, on en prend jusqu'à
un quart ; à d'autres trois quarts, un demi-kilo-

leur ruche la mieux approvisionnée pour l'hiver ; elles abandonnent, dit-on, le reste, qui devient plus facile à récolter : malgré cette précaution, c'est à la récolte de cette saison qu'on doit surtout faire usage de l'avis que nous avons donné en commençant ce chapitre.

gramme ; aux ruches faibles, on ne fait qu'ébarber les rayons.

« Après les étés qui n'ont pas été favorables aux abeilles, il y a des ruches qui, pendant l'hiver, perdent une partie de leur population ; à ces ruches, il faut prendre, dit-il, beaucoup de cire, car si on leur en laisse trop, les abeilles, ne pouvant la réchauffer ni la défendre, se retireront entre les rayons du centre ; si, au contraire, on ne laisse à cette petite famille que les édifices qui lui sont nécessaires pour son logement, ses provisions, sa progéniture, elle les soignera, les défendra, et lorsqu'elle aura accru sa population, et que la campagne lui offrira des ressources, elle construira de nouveaux rayons, et sera bien plus sainement que si on lui avait laissé les vieux. » Enfin, il termine par exhorter les propriétaires de ruches à faire cette récolte.

MANIÈRE DE FAIRE LA RÉCOLTE DES PRINCIPALES ESPÈCES DE RUCHES.

Ruches de troncs d'arbre.

Ces ruches ne peuvent être récoltées à la fin de l'hiver ; il faut attendre que la chaleur ait déterminé les abeilles à quitter le haut de la ruche ; on ne peut donc les récolter qu'en mai ou juin, selon le climat.

Otez la planche qui couvre la ruche, et avec une grande cuiller, enlevez la cire et le miel, que vous déposerez dans un plat, jusqu'à ce que l'affluence des abeilles vous force à lâcher prise. On voit qu'avec ces ruches, le propriétaire agit en aveugle, et que le hasard seul le conduit et le dirige.

Ruches en cloches ou en cône.

On récolte ces ruches en octobre dans les pays où croît le sarrasin, et fin de juin dans ceux où l'on cultive le sainfoin.

Si l'automne n'est pas favorable au travail des abeilles, elles périssent dans ces sortes de ruches, parce qu'on ne peut leur rien laisser. Ces ruches ne peuvent être récoltées sans les transvaser, c'est-à-dire sans faire passer les abeilles dans une autre ruche; car nous ne conseillerons jamais de faire mourir les abeilles pour avoir leur dépouille, ainsi qu'on le verra plus loin.

Voici la méthode la plus convenable pour faire cette opération.

Renversez la ruche pleine avec son support, qui sert alors de couvercle; assujettissez-la de manière qu'elle ne vacille pas, contre une pierre ou un morceau de bois qui soit de la hauteur de la ruche. Otez son support; couvrez environ le quart de la ruche avec une ruche vide qui pose en partie sur la ruche pleine, et pour la plus grande partie sur la pierre et le morceau de bois dont nous avons parlé. Prenez deux baguettes, frappez modérément et continuellement sur la ruche pleine, en commençant par le bas; continuez jusqu'à ce que les abeilles soient totalement délogées, ce dont vous serez sûr lorsque vous n'en verrez plus sortir entre les rayons. Pendant cette opération, beaucoup d'abeilles sortent, vont se poser à la place où était la ruche; ne vous en inquiétez pas, elles reviendront. Mettez la nouvelle ruche à la place où était l'ancienne; s'il reste des mouches dans celle-ci, vous les ôterez; lorsque vous la viderez, elles rejoindront les autres. S'il pleut le lendemain de cette opération, ne manquez pas de donner de la nourriture aux abeilles de la manière que nous l'indiquerons.

Si les jours suivants vous remarquez hors de la ruche des groupes de mouches qui auraient une couleur grise, et la cessation du travail, c'est une preuve que la ruche est sans reine; il faudra, ou lui en procurer une de la manière que nous avons déjà dit, ou la transvaser dans une autre ruche qui aurait une reine. Si l'on n'avait qu'une ruche à transvaser, il faudrait en transvaser une seconde, pour opérer cette réunion; mais alors on ne transvaserait cette seconde ruche qu'à moitié, et au lieu de se servir d'une ruche vide, on emploierait celle où seraient les mouches sans reine, et on restituerait ensuite le tout à la ruche qui aurait servi au second transvasement.

On voit, par ces détails, combien les

ruches en cloches ou en cônes sont désa-
vantageuses pour la récolte, qui est très
pénible.

Si la ruche n'est composée que de deux
hausses, on reconnaîtra que la partie supérieure peut être récoltée, lorsqu'on
verra que la partie inférieure est aux
deux tiers ou aux trois quarts pleine.

Voici la manière dont on procèdera à
la récolte des ruches à hausses simples :

La veille du jour où on se proposera de
faire la récolte, on soulèvera la hausse
supérieure avec un couteau qu'on laissera interposé jusqu'au lendemain, afin
de donner le temps aux abeilles de descendre, et d'en sacrifier un moindre nombre. Le lendemain, on se munira d'un
fil d'archal terminé aux deux bouts par
un petit bâton de la grosseur du doigt ;
on le passera entre la hausse supérieure
et celle au-dessous, pour couper les gâteaux ; on la séparera et on recouvrira
avec une planche la place qu'elle occupait ; on mettra une hausse vide au-dessous de celles qui restent, et on laissera
la hausse enlevée à côté ou devant la ru-

che, pour que les abeilles puissent aller rejoindre leurs compagnes. Si elles ne délogent pas, on les y contraindra en frappant dessus avec une baguette.

D'autres cultivateurs conseillent, au contraire, de mettre la hausse vide à la place de la supérieure qu'on vient d'ôter, fondés sur l'instinct des abeilles, qui les porte à rechercher l'obscurité pour y placer leur travail, ce qui les engage à préférer le haut de la ruche.

Il faut s'attendre, dans les ruches à hausses simples, à perdre un grand nombre d'abeilles qu'on n'aura pu soustraire à l'action du fil d'archal; on trouvera beaucoup de nymphes écrasées, de mouches mutilées, heureux encore si la reine n'est pas du nombre.

On ne devrait récolter ces ruches qu'au printemps, afin que les abeilles puissent réparer leur perte.

Ruches à hausses perfectionnées.

On peut récolter ces ruches dans toutes les saisons; il suffit de décoller la hausse supérieure, qui se détache facilement, de l'enlever, de placer au-dessus ou au-dessous des autres, une hausse vide, et de laisser jusqu'au lendemain la hausse détachée à côté de la ruche. Si le lendemain on y trouve encore une grande quantité d'abeilles qui paraissent aller aux champs, ce sera une preuve qu'il y a une reine; alors on remettra cette hausse à la place qu'elle occupait; sans cela les abeilles revenant des champs entreraient dans les hausses restantes, et seraient sacrifiées.

Ruches à hausses en ruchettes.

On peut encore récolter cette ruche dans toutes les saisons. Après le sortie du premier essaim, on enlève la ruchette, et on prend ce qu'elle contient; en automne, après avoir enlevé la ruchette, on ôte le couvercle percé de la ruche, dans lequel entre la ruchette, et on prend la quantité de rayons qu'on juge à propos, et comme le couvain n'est jamais au haut de la ruche, on ne risque pas de nuire à la population en l'enlevant. On reconnaît d'ailleurs facilement les rayons qui contiennent du couvain, à la couleur rousse des couvercles qui sont bombés, ce qui les distingue de ceux blancs et plats qui recouvrent les alvéoles, qui contiennent du miel. Pour faire cette opération, on

couche la ruche sur le côté, on oblige les
abeilles, au moyen de la fumée, de descendre au bas de la ruche, et on opère
facilement dans le haut. D'ailleurs, cette
forme de ruche paraît être fort commode
pour transvaser les abeilles, ou les faire
passer dans une autre ruche.

Ruches à la Gélieu.

On peut récolter aussi les ruches à la
Gélieu dans toutes les saisons. Tout consiste à écarter une boîte de neuf à douze
centimètres (trois ou quatre pouces), de
celle à laquelle elle était jointe ; on la
laisse jusqu'au lendemain ; s'il n'y a pas
de reine, toutes les mouches l'abandonnent pour aller dans la boîte où sera la
reine ; on l'enlève, et on en met une vide
à la place qu'elle occupait.

Si les abeilles travaillent dans les deux
boîtes, il y a donc deux essaims différents, donc on peut former deux ruches
dans la saison convenable. En attendant,
on réunira ces deux boîtes, en en mettant une vide entre les deux, si la saison
n'est pas trop avancée. Au reste, on ne
risque pas de les laisser, parce que les
abeilles ne travaillent jamais ailleurs que

lorsqu'elles manquent de place dans le lieu où elles ont commencé leur ouvrage.

Ruches à tonneau.

Le temps des essaims excepté, on peut en toute saison récolter ces sortes de ruches. Pour y procéder, une personne se charge de porter la fumée d'un linge allumé ou de bouse de vache sèche, partout où il est essentiel d'écarter les abeilles; une autre ouvre la ruche par derrière, détache avec un couteau le premier rayon, et le reçoit dans sa main ou sur une assiette; elle en détache ensuite un second, un troisième, jusqu'à ce qu'on en ait pris la moitié; on remet le fond de la ruche, et on la tourne de manière que la partie récoltée soit en devant. Si les rayons sont placés obliquement, l'opération devient très difficile et meurtrière pour les abeilles.

Récolte dans les ruches à la Bosc.

Pour tailler une ruche à la Bosc, on met les abeilles en état de bruissement; alors on ouvre la ruche. A l'aide de la fumée, on écarte les rayons qu'on veut

couper, soit d'un côté, soit de l'autre ;
on a un baquet auprès de soi, où on dépose les rayons, qu'on recouvre d'un
linge. On a l'attention de ne pas enlever
les rayons ou portions de rayon qui contiennent du couvain. Si quelques abeilles
viennent sur le rayon qu'on coupe, on
les chasse avec une plume ou de la fumée,
avant de le déposer dans le baquet.

On fait la récolte, dans ces ruches, en
plein jour, pendant qu'une partie des
abeilles est dans les champs.

De la taille dans les ruches à air libre.

On n'agit point en aveugle, et le tout
est soumis à la sagacité du cultivateur.
Lorsque l'abondance se manifeste dans
les ruches à air libre, elle est visible, et,
à l'aide de la fumée et d'un couteau, on
peut, même sans déranger le corps de la
ruche, enlever sans opposition tout ce
que la sobriété peut permettre. Avant
l'opération, on examine si ce que l'on
veut enlever ne contient pas de *couvain*,
ou l'on s'arrête sitôt qu'on l'aperçoit ; il
est impossible qu'on puisse agir avec plus
de précision que dans de semblables ruches. Jamais on ne cause plus de dégra-

dation qu'il n'en faut pour faire cette récolte.

Si l'on tient à enlever une case entière, soit pour son profit, soit pour la donner à un faible essaim, on s'y prendra de la manière suivante : d'abord, on devra être convenablement vêtu et ganté; on aura à sa disposition un couteau, un fil de laiton et de la fumée. Au moyen de cette dernière, on éloignera les abeilles des points sur lesquels on agira; on dénouera les fils de fer qui tiennent l'assemblage de la ruche; on abaissera chaque extrémité; après quoi, l'on introduira entre la case à enlever et celle qui y est attenante, la lame du couteau, et au moyen d'une légère pesée on décollera facilement les deux tablettes; que les abeilles auront un peu propolisées. Comme chaque tablette est percée à son centre et que les trous correspondent les uns avec les autres, il arrive qu'il s'y trouve une continuité d'alvéoles, qu'il faut trancher avec précaution; pour cela, on introduit un fil de fer ou de laiton entre les deux tablettes, en tenant une des extrémités de ce fil dans chaque main; on l'amène doucement et carrément de l'une des faces de la case à la face opposée, ce qui coupera assez nettement les alvéoles qui s'y rencontreront : nous disons doucement, parce qu'il pourrait s'y trouver des abeilles que l'on massacrerait, si l'on n'agissait pas ainsi. Enfin on enlèvera la case.

La case étant ainsi séparée, on pourra immédiatement en mettre une vide à la place, et la maintenir en remettant les fils de fer comme ils étaient auparavant ; ensuite on recouvrira la ruche de son surtout, on présentera la case enlevée le plus près possible de l'entrée ordinaire des abeilles, et par de légères secousses, celles qu'elle contiendra y retourneront instantanément. Si quelques-unes s'obstinaient à demeurer dans cette case, on se servirait de fumée pour les faire déloger.

Ordinairement, lorsque les quatre cases d'une ruche sont remplies, et qu'on en retire pour son profit, on commence, avant l'opération, par trancher, avec le fil de laiton, tout ce qui saillit hors de la contenance de toutes les cases, en se servant toujours de *fumée* pour éloigner les abeilles des points sur lesquels on doit opérer.

C'est presque toujours la case supérieure qu'on enlève pour tailler une ru

che, et rien n'est alors plus facile que
d'en remettre une vide à la place ; mais si,
par une nécessité quelconque, on voulait prendre ou la case inférieure ou une
des cases intermédiaires, et qu'on voulût
absolument la remplacer par une vide,
on devra, après avoir détaché convenablement la case à soustraire, passer deux
fils de fer en croix sous les cases supérieures à celle-ci et les soulever ; ensuite
on enlève la case dont on a besoin, et on
remet la vide à sa place ; on repose la
partie supérieure de l'édifice, et on maintient le tout comme dans l'état ordinaire.
Tout cela ne demande que peu d'instants.

Récolte entière d'une ruche.

Comme dans les autres ruches, cette
récolte s'obtient par deux procédés bien
différents : le premier consiste à faire
passer les abeilles d'une ruche dans une
autre ; par le second, on fait périr les
abeilles de la ruche dont on veut enlever
tous les produits.

Le premier procédé, que l'on nomme
chasse, comporte aussi deux buts d'opération : le premier, qui la détermine,
c'est lorsqu'une ruche a donné trop d'es-

saims, qu'elle a épuisé sa population de manière à faire craindre qu'elle ne puisse passer l'hiver; plutôt que d'en courir les risques, on fait passer les abeilles de cette ruche dans une autre ruche en activité, également faible en population. Alors, dès qu'on aura décidé cette opération, on débarrassera de son surtout la ruche à faire évacuer; on mettra à sa même place celle à augmenter, qu'on enfumera d'abord, puis on mettra la première dans une situation horizontale, et à l'aide de fumée et de secousses, on opèrera la réunion.

Le second procédé pour dépouiller entièrement une ruche s'obtient par la destruction des abeilles. Cette opération barbare est encore usitée par quelques personnes, qui ne conçoivent pas la possibilité de pouvoir faire autrement, ou qui, ne cultivant pas les abeilles, font commerce de leurs produits et ne tiennent pas à conserver ces insectes.

Si enfin, telle est la volonté de celui qui aura des abeilles placées dans des ruches à air libre, qu'il veuille les asphyxier, il devra s'y prendre de nuit, il fera un trou dans la terre, peu profond et large de 48 centimètres; il implantera au fond

une petite baguette qui portera une carte
soufrée. Sur le trou il posera deux bâtons
en travers, sur lesquels il placera la ruche
à asphyxier ; il allumera la carte soufrée,
et sans perdre de temps il recouvrira la
ruche de son surtout, dont il bouchera
soigneusement toutes les issues. Les abeilles feront entendre un bourdonnement
considérable, qui sera bientôt suivi d'un
silence absolu ; indice certain de la réus-
site de l'opération, qu'il réitèrera autant
de fois qu'il aura de ruches à asphyxier.

Des essaims artificiels.

Cette opération est tout aussi facile
dans la ruche à air libre, que dans celles
qui ont été construites le plus convenablement pour cet objet.

Elle se pratique ordinairement au commencement du mois de mai, et suppose une ruche en très bon état, bien
peuplée, ayant déjà des bourdons d'éclos,
encore du *couvain* et toutes ses cases garnies de gâteaux : alors, deux heures avant
l'opération, on sépare la ruche par le milieu comme si l'on voulait enlever les
deux cases supérieures pour les tailler ;
mais on laisse ces cases superposées sur

les autres comme dans l'état naturel de la ruche. Par un beau temps, vers midi, heure à laquelle une grande quantité d'abeilles sont dehors, on frappe quelques instants sur la case inférieure, pour y attirer beaucoup d'abeilles, ainsi que la reine qui, probablement comme la plupart des autres, accourt au point où l'on choque la ruche; ensuite on enlève immédiatement les deux cases supérieures, que l'on place pour un instant derrière le tablier de cette ruche : on transporte les deux cases inférieures, qui contiennent et l'abeille féconde et la masse des abeilles qui étaient alors dans la ruche, dans un endroit assez éloigné du rucher; on ajoute sur cette partie inférieure deux cases vides, pour reconstituer une ruche entière, qu'on recouvre d'un surtout.

Les deux cases de la partie supérieure qu'on avait placées momentanément derrière le tablier, seront remises dessus, également avec deux autres cases vides, placées aussi à la partie supérieure; bien entendu qu'on établira la communication des trous des cases, et que l'on bouchera celui de la tablette supérieure. Cette ruche qui contient moins d'abeilles que l'autre,

et qui ne doit point posséder l'abeille féconde, l'égale bientôt en population, par
celles qui reviennent continuellement des
champs. Cette opération est toujours im-
manquable. Il est difficile de ne pas réussir en s'y prenant comme nous venons de
l'indiquer, puisque toutes les conditions
sont convenablement remplies. La portion de ruche transportée contenant la
femelle, du *couvain*, et beaucoup de
mouches, devra nécessairement exister
telle qu'elle est : car les abeilles qui s'y
trouvent n'abandonneront certainement
pas ni leur mère, ni sa progéniture ; quant
à la portion de ruche qui n'a pas changé
de place, il est probable qu'au mois de
mai elle doit avoir des cellules d'abeilles
femelles parmi le *couvain* qu'elle doit
contenir en assez grande quantité. Schirach a démontré comment les abeilles sa-
vaient se procurer des mères, quand elles
avaient du jeune *couvain*. Les abeilles de
cette ruche ne l'abandonneront donc pas
non plus, puisqu'elles y trouveront les
éléments nécessaires à leur conservation,
et que d'ailleurs il leur serait pour ainsi
dire impossible de retrouver leur ancienne mère.

Nous pensons qu'il est juste de faire

remarquer ici que la ruche de MM. Martin
de Corbeil , n'a pas les inconvénients que
nous avons signalés plus haut. Les plus
graves sont : le prix exorbitant de quelques ruches, leur forme par rapport à
l'humidité, et enfin, qu'on ne peut en
recueillir les produits que par petites
portions. Le prix de la ruche à air libre
est très modique; on peut facilement la
construire sans le secours du menuisier;
elle ne craint pas l'humidité, et les produits peuvent s'obtenir en toutes proportions. Nous la recommandons en conséquence à tous les cultivateurs qui feraient
encore usage des ruches simples.

DE L'EXPLOITATION DES RUCHES A FRAG-MENTS. — MANIÈRE D'OPÉRER.

Nous laisserons encore ici s'exprimer
M. Béville : Il faut avoir un tampon de
linge lié autour d'un bâton avec un petit
fil de fer; vous allumez ce tampon, de
manière qu'il ne fournisse que de la fumée. Vous ouvrez la planchette qui couvre
le trou au-dessus de la ruche, l'ayant
préalablement soulevée pour la décoller;
puis avec un instrument en forme de
pipe, en fer-blanc (au besoin un chalu-

meau de paille fait l'office), vous soulevez légèrement avec un ciseau dans un coin la portion ou fragment que vous voulez détacher, puis avec le fil de laiton au bout duquel il y a deux petits bouts de bois, ou avec un grand couteau en forme de plane, aminci des deux côtés, vous coupez, comme font les beurrières; on peut encore faire cette opération avec une lame semblable à une lame de scie : de suite vous remettez au-dessus de votre ruche une planche avec un trou au milieu, et une planchette qui bouche le trou; les abeilles se chargent du soin de la luter avec la propolis : si cependant il y avait des vides trop considérables entre la planche et la ruche, vous les boucheriez avec de la bouse de vache, mêlée avec de la cendre ou de l'argile, ou du plâtre, ce qu'il faut toujours avoir auprès de soi quand on opère : à peine les abeilles s'aperçoivent-elles de ce larcin.

Cette opération se fait dans les premiers jours de juillet (ordinairement je la fais du premier au 6 juillet), on peut cependant la faire plutôt ou plus tard.

Si vous voulez augmenter votre récolte, vous pesez vos ruches dans le courant d'août ou septembre, et vous faites une seconde récolte sur celles qui sont les plus lourdes, c'est-à-dire, qui sont abondamment fournies de provisions.

Je conseille à ceux qui n'ont que des paniers ordinaires de ne pas les détruire; je les engage à les mettre aussitôt qu'ils le pourront dans des ruches en plusieurs parties, et principalement les essaims qu'ils recueilleront.

Il y a deux manières d'exploiter les ruches ordinaires sans les détruire.

La première est de les dégraisser avec un couteau en forme de serpette à long manche; pour bien faire cette opération, il faut la faire par un beau jour en plein midi : enlever les gâteaux des deux côtés, et couper le bas des gâteaux du milieu à peu près à six pouces en contre haut, en ménageant trois ou quatre gâteaux du milieu, qui récèlent le plus de couvain; pour faire cette opération, on se met à quelque distance en arrière, et en place de la ruche que l'on exploite, on met une ruche vide, où entrent et s'amusent les abeilles qui reviennent des champs; quand l'opération est faite, on remet la ruche exploitée à sa place.

La seconde, c'est le transvasement.

Le transvasement se fait de deux manières.

La première avec de la fumée : pour pratiquer ce moyen, il faut faire un trou à la tête de la ruche que l'on veut transvaser, la veille de l'opération au soir, et y appliquer un tampon de linge ou de mousse, pour empêcher les mouches de sortir par ce trou.

Le lendemain, dès le grand matin, à la pointe du jour, vous posez votre ruche pleine sur une ruche vide, vous liez les deux ruches ensemble avec des cordes, et vous les lutez avec une toile, pour que les mouches ne s'échappent pas, puis vous culbutez ces ruches ainsi adaptées ; la ruche pleine se trouve dessous et renversée, et la vide au-dessus dans le sens naturel. Vous posez la tête de la ruche pleine sur un tabouret renversé, ou une tinette trouée au milieu ; si vous vous servez d'un tabouret, vous l'enveloppez avec un linge, puis vous fumez au dessous du tabouret ou de la tinette ; la fumée s'introduit par le trou que vous avez ménagé, et toutes les abeilles montent dans la ruche vide.

Le plus commode, c'est d'avoir un baquet ou tinette (moitié d'un tonneau), de le renverser, de faire un trou au fond , capable de recevoir la tête de la ruche que l'on veut transvaser, et par une ouverture que vous pratiquez sur le bord du baquet renversé , de fumer sous ce baquet.

De cette manière vous conservez les mouches et vous vous emparez de la totalité de leurs provisions.

La seconde manière de transvaser, c'est d'adapter les deux ruches, comme il est expliqué ci-dessus, de les culbuter et de poser la tête de la ruche pleine sur terre, et de frapper tout autour de la ruche, en commençant par la tête, avec un petit bâton, comme une forte baguette à tambour, à petits coups précipités et de continuité pendant une demi-heure à trois quarts d'heure ; ce bruit fait monter les abeilles dans la ruche vide.

De l'une comme de l'autre manière, quand les mouches sont montées dans la nouvelle ruche, vous mettez la nouvelle ruche à la place de l'ancienne ; puis vous détachez les gâteaux de la ruche, dont les mouches sont chassées, les uns après les autres, ayant soin de balayer avec une plume les mouches qui sont restées dans l'ancienne ruche et qui sont sur les gâteaux, et vous les faites tomber sur une toile : vous mettez vos gâteaux dans des terrines, que vous couvrez à mesure avec une toile et que vous faites emporter de suite : à l'aide d'une petite planche qui pose sur la toile qui est à terre, les mouches engluées remontent à la nouvelle ruche.

J'avoue que cette manière est embarrassante, mais du moins elle est préférable à la destruction : je l'ai pratiquée avec succès avant d'avoir des ruches composées de plusieurs fragmens, mais la nouvelle construction de mes ruches par fragmens m'a dispensé de tous ces embarras.

La saison pour faire ces transvasements est la fin de juin et les premiers jours de juillet à la pointe du jour.

On doit reconnaître et je certifie, avec l'argument de l'expérience, que les ruches à plusieurs compartiments sont préférables pour l'exploitation, d'un produit plus considérable, et si elles sont un peu plus chères, on en est bien indemnisé par le produit des essaims ; la récolte en miel est aussi considérable annuellement à nombre égal de ruches, et on ménage l'espèce.

DE LA RÉCOLTE EN ÉTOUFFANT LES ABEILLES.

Ce n'est pas seulement par plaisir qu'on cultive les abeilles : ceux qui leur prodiguent des soins agissent par un motif d'intérêt, ils veulent se procurer du miel et de la cire, et le plus possible, afin d'augmenter leur revenu. Mais pour atteindre ce but, tous n'agissent pas de la même manière : quelques cultivateurs tuent les mouches d'une partie de leurs ruches, pour s'approprier la totalité de leurs provisions.

Voici comment on étouffe les mouches des ruches dont on veut enlever le miel.

On fait fondre du soufre dans un vase, à petit feu, et l'on trempe dedans autant de cartes ou de morceaux de serge de même grandeur qu'on a de ruches à étouffer. On fait ensuite, avec une bêche, un trou en terre près de chaque ruche qu'on veut faire périr. On donne au trou la forme d'un entonnoir ; il faut que le haut soit de la même grandeur que l'ouverture de la ruche. On plante au fond de chaque trou un petit bâton fendu par le haut ; on met dans cette fente la carte ou le morceau de serge soufré. Il est à propos que le bâton soit assez enfoncé pour que la carte souffrée ne touche point aux rayons de la ruche, autrement la fumée ne se distribuerait pas dans toute sa capacité, et il resterait beaucoup de mouches vivantes; on allume la carte ou la serge, et quand elle est bien enflammée, on prend une ruche que l'on pose dessus, puis avec les pieds on rassemble promptement la terre autour de de la ruche, pour empêcher les mouches et la fumée de sortir. On écrase avec le pied les mouches qui sont restées sur la tablette; on fait de même à toutes les autres ruches l'une après l'autre. On les laisse passer la nuit en cet état, et le matin on les emporte au logis. C'est le soir à l'entrée de la nuit, ou le matin avant le jour, qu'il faut faire cette expédition.

Parmi les ruches en paille, osier, etc., il en est quelques-unes dont la vannerie s'étant affaissée par le temps ou par le poids du miel, les ouvertures qui étaient au bas se sont bouchées, de sorte que les mouches ont pratiqué des passages au-dessus jusqu'à la hauteur de quatre à cinq pouces, plus ou moins.

Quand on fait périr de ces sortes de ruches, on fait le trou bien profond, et au

fond de ce trou un autre plus étroit, pour
y placer le bâton garni de la carte ou du
morceau de serge. De cette façon, la ruche se trouve enterrée jusqu'à moitié, et
la terre que l'on rassemble autour, bouche tous ces trous ; autrement la fumée
et les mouches s'échappant par ces ouvertures, incommoderaient les personnes malgré l'obscurité, la ruche ne péri-
rait pas, et il faudrait recommencer son
opération.

On peut user du même procédé pour
quelques-unes des ruches composées.

Quoique nous n'ayons jamais opéré par
ce procédé, que nous n'approuvons nullement, nous consacrerons cependant un
chapitre à l'exposition de cette méthode.
Nous laissons parler un de ses partisans
les plus déterminés, en recommandant
toutefois à nos lecteurs une prudente réserve dans l'emploi de ces moyens destructeurs.

De la pratique de tuer les abeilles, considérée en elle-même[1].

Nous nous attendons bien qu'on va crier contre nous, qu'on nous accusera de cruauté et de barbarie, qu'on nous traitera d'assassin, de bourreau, de tueur d'abeilles. On a lu un ouvrage sur ces insectes ; on a adopté aveuglément l'opinion de son auteur, il faut bien la soutenir. Nous ne sommes pas très touché du reproche de cruauté, parce qu'il ne peut être à nos yeux le sujet d'une difficulté sérieuse. Depuis que Dieu a soumis tout à l'homme, l'homme a usé de son domaine largement, sans scrupule et sans remords ; il en use encore chaque jour pour sa subsistance et ses besoins, pour ses plaisirs et ses délices ; il tue et mange, broie et brûle tout ce qu'il veut, sans qu'on pense à lui en faire un crime. S'il fallait avoir compassion des abeilles laborieuses, ne devrait-on pas en avoir de ces gros bœufs, qui ont rendu tant de services en partageant, pendant plusieurs

Extrait du Journal d'agriculture et de botanique du département de la Gironde, octobre 1825.

années, les plus pénibles travaux de l'homme, avec une docilité et une soumission constante? S'il fallait toujours épargner des mouches industrieuses qui fournissent la cire et le miel, serait-il permis de sacrifier ces animaux pacifiques qui nous couvrent de leurs toisons et nous nourrissent de leur lait? Nous n'insistons pas sur ce point, et nous prions le lecteur de suspendre son jugement sur la question principale jusqu'à ce que nous ayons déduit toutes nos raisons : il nous jugera lorsque nous lui aurons prouvé que la pratique de tuer les abeilles est utile, et la plus utile aux abeilles elles-mêmes, à leur propriétaire et à l'État.

1° Aux abeilles elles-mêmes. Oui, nous sauvons nos abeilles en les tuant ; nous les multiplions et nous les faisons prospérer en les tuant. Ce paradoxe est facile à expliquer, et l'on comprend aisément que nous ne voulons pas dire que nous sauvons, multiplions et faisons prospérer précisément les mouches que nous sacrifions ; mais que, en en tuant une partie, nous sauvons les autres, nous les faisons multiplier sans cesse, et entretenons ainsi la prospérité dans les ruches.

Depuis que l'auteur de la nature dit

aux créatures qu'il venait de tirer du néant, *Croissez et multipliez*, tout dans ce monde tend à multiplier outre mesure. D'un autre côté, les moyens de subsistance sont bornés pour tous et partout.

De ces deux proportions, qui sont d'une vérité trop frappante pour devoir être prouvées, il résulte nécessairement que ce serait une folie de vouloir toujours multiplier une espèce quelconque, qu'il faut savoir se borner en toutes choses, et que l'industrie consiste à proportionner la population aux moyens d'exister ; que si, d'un côté, on doit chercher toujours à augmenter les moyens, il faut, de l'autre, modérer, combattre et arrêter la population, pour l'empêcher de dépasser les moyens. Il faut maintenir l'équilibre et l'harmonie entre l'une et l'autre, sous peine de voir bientôt la population se détruire elle-même, en s'accroissant au-delà des justes bornes qui lui sont impérieusement fixées par les moyens.

Fortifions ce raisonnement par de nombreux exemples. Qu'arriverait-il dans votre colombier, si, chaque année, vous laissiez s'envoler de leurs paniers les jeunes couples qui y naissent ? Guerre, désordre, confusion, épizooties, et par suite, une ruine totale ; au contraire, ne laissez vivre que ce qui est nécessaire pour l'entretien et le renouvellement de la vieille population ; étouffez tout le reste pour les mets de votre table, et vous maintiendrez la prospérité dans votre pigeonnier, vous sauverez vos pigeons en les tuant, et vous en mangerez toujours. Dans votre basse-cour, faites couver tous les œufs de vos poules, épargnez toutes les volailles, et vous finirez bientôt par n'avoir plus rien ; mais si vous cassez les trois quarts des œufs, si vous mangez des poulets, des poulardes et des chapons, si quelquefois vous mettez la vieille poule au pot, vous aurez toujours de la volaille. Dans votre étang, vous n'avez jamais eu plus de quatre quintaux de poisson, parce que, vu le volume et la qualité des eaux, il ne peut en nourrir davantage ; n'y touchez plus, attendez dix ans, vingt ans, trente ans : qu'y trouverez-vous après ce terme ? Quatre quintaux de poisson, probablement moins, parce que trois ou quatre grosses carpes, et peut-être un énorme brochet, auront dévoré le fretin de chaque année.

Au contraire, armé de lignes et de fi-

lets, procurez-vous le plaisir de la pêche,
vous mangerez, avec modération, des carpes, des carpeaux, même des carpillons,
et vous retrouverez chaque année le même
poisson dans votre étang. Que faites-vous
dans vos métairies? Vous tuez ou vendez
chaque année des agneaux et des moutons, des veaux et des bœufs, pour proportionner la population aux fourrages et
aux pacages, et pour maintenir ainsi la
prospérité dans vos troupeaux de bêtes à
cornes et à laine.

Je ne finirais pas si je vous suivais dans
votre jardin, éclaircissant les melons, les
carottes, les épinards, etc. ; dans vos
champs, arrachant les trois quarts du
maïs, du mil, du panis; dans vos bois,
coupant les pins, les chênes trop rappro-
chés, etc., etc., et toujours pour la prospérité de ce que vous réservez.

Maintenant revenons à nos abeilles, et
dites-nous si vous rendez service à vos
pigeons, à votre volaille, à votre poisson,
à vos brebis et à vos vaches, en en tuant
sans cesse? Si par ce moyen vous entre-
tenez votre colombier, votre basse-cour,
votre étang, vos parcs et vos étables dans
un état prospère, comment se fait-il que
la destruction de quelques ruches ne

tourne pas à l'avantage de vos abeilles, et ne contribue pas à la prospérité de vos ruches? Si vous êtes obligé d'éclaircir sans cesse vos légumes, vos céréales et les arbres de vos forêts, pour les conserver, comment se fait-il que nous ne puissions jamais avoir besoin d'éclaircir nos ruches, quelque rapprochées et multipliées qu'elles soient? Les raisons que vous donnez pour justifier votre conduite, et que nous adoptons volontiers, ne militent-elles pas toutes en faveur de la nôtre? Les moyens de subsistance ne sont-ils pas bornés pour nos abeilles comme pour tout le reste, et ne sommes-nous pas obligés de veiller sans cesse à ce que la population n'excède pas les moyens? Nous osons même avancer que la pratique de tuer est plus utile et plus nécessaire aux abeilles qu'à tout le reste, à cause de leur excessive multiplication, et de la variation énorme qui a lieu dans leurs moyens d'existence.

Les abeilles sont des insectes, et on sait que la population des insectes s'accroît avec une rapidité étonnante; aussi quelques semaines ou quelques mois de miéllée suffisent pour que le nombre des ruches soit doublé et triplé, et pour que chaque ruche contienne quatre fois plus de mouches. D'un autre côté, les saisons d'une année seront presque toujours favorables, tandis que, l'année suivante, presque constamment contraires, elles n'offriront que des ressources modiques et passagères.

Qu'arrivera-t-il donc si, après une ou deux années d'abondance, vous gardez toutes vos ruches? Précisément ce qui aurait lieu dans votre basse-cour ou dans votre colombier, si vous ne vouliez tuer ni volaille ni pigeons. Toutes vos ruches languiront, se dépeupleront, tomberont dans la misère, et vous en perdrez un très grand nombre. Cet événement sera inévitable, parce que la proportion entre la population et les moyens ayant été détruite, l'arrondissement parcouru par vos abeilles, ne leur fournira plus de ressources suffisantes ; et si, par malheur, il vous survient, dans ces circonstances, une année de stérilité, vous perdrez presque toutes vos ruches, et vous en sauverez d'autant moins que vous en aviez plus, surtout si la misère et la disette produisent la guerre et le pillage.

L'expérience vient à l'appui de tout ce que nous avançons ; elle démontre que ceux qui ne tuent jamais leurs abeilles, finissent toujours par les perdre. Riches aujourd'hui, pauvres demain, ils sont toujours à recommencer ; tandis que ceux qui suivent la pratique contraire, et se bornent à un nombre de ruches proportionné aux ressources ordinaires de leur localité, conservent toujours leurs ruches. Ils les voient prospérer dans les années fertiles, se soutenir dans les années médiocres, et les pertes qu'ils éprouvent dans l'adversité sont modérées facilement, et promptement réparées dans la suite.

Les auteurs et ceux qui ont embrassé leur système, se fâchent de ce que nous détruisons ces ruches, et la grande cause de leur colère vient de ce que les ruches que nous faisons périr pourraient nous en donner d'autres chaque année ; et puis ils font de grands calculs très justes sur le papier.

En vérité, nous avons presque honte de réfuter ce grand argument. S'il avait quelque fondement, il faudrait laisser vivre tout, tout, excepté les monstres et quelques individus dégradés ; car tout le reste vient au monde avec la faculté de se reproduire ; il ne serait plus permis de moudre du blé ni de manger du pain, car chaque grain porte son germe, et un germe très fécond.

Chacun a appris à connaître quelle est la quantité de semence nécessaire à son champ ; il la garde avec soin, et profite du reste. Nous aussi, nous savons par expérience quel est le nombre d'abeilles qu'il faut à notre rucher, à l'arrondissement parcouru par nos abeilles, et s'il nous en vient au-delà, nous en profitons. S'ils ont leurs raisons, pour ne pas semer tant de blé qu'ils recueillent, nous avons les nôtres pour ne pas garder toutes nos mouches.

Chaque rucher a un *maximum* qu'il ne dépasse jamais. Lorsqu'une bonne année l'a élevé jusque là, il faut nécessairement qu'il retombe, et sa chute est terrible et funeste. On ne peut le nier, et ceci est fondé sur l'expérience.

Voulez-vous un exemple frappant, dont nous pouvons bien garantir la vérité? En 1792, un propriétaire du département des Landes avait, dans une de ses métairies, cent soixante-trois ruches; il ne voulut point en détruire une partie, malgré l'avis et les prières du métayer, qui était un jeune homme, et qui n'osa insister, de peur de causer quelque émotion à son maître malade. Les abeilles restèrent. Le propriétaire mourut l'année suivante, et lorsque celui de ses enfants auquel la métairie était échue en partage alla la visiter, il n'y trouva que dix-sept ruches presque mourantes. L'année 1793 fut bien funeste aux abeilles, et l'on perdit partout beaucoup de ruches; mais si notre propriétaire eût détruit, l'année précédente, la moitié des siennes, il s'en serait sauvé plus de dix-sept, et au moins le double. Nous sommes autorisé à le penser et à le dire, parce que ceux qui avaient tué une partie de leurs abeilles, en conservèrent proportionnellement beaucoup plus. Ces pauvres mouches, beaucoup trop multipliées, ne trouvant rien au milieu d'un été brûlant, qui avait flétri et desséché toutes les plantes, se massacrèrent les unes les autres; plus d'une fois il fallut les bœufs et la charrette pour porter à la maison les ruches qui avaient péri. Ce propriétaire était l'auteur de nos jours, et c'est nous-même qui lui avons succédé dans la propriété de la métairie. Avec le temps et les soins, notre rucher s'est rétabli peu à peu; nous y avons revu plus d'une fois cent soixante ruches, mais nous n'avons nullement été tentés de les y lais ser, ni nous, ni notre paysan, qui est encore le même, et nous pensons que nous sommes l'un et l'autre un peu pardonnables.

Nous laisserons donc les savants publier, dans leurs écrits, qu'on ne doit jamais détruire les ruches, nous laisserons les philanthropes amis des abeilles, crier de toutes leurs forces contre ceux qui les tuent ; pour nous, nous continuerons, en dépit de tous, à aller notre train ; nous continuerons à tuer une partie de nos mouches, lorsqu'elles seront trop multipliées, parce que nous savons par expérience, et par notre propre expérience, que plus nous sacrifions de ruches, plus il nous en vient de nouvelles, tandis que nous les perdons presque toutes, si nous en gardons trop.

Quelqu'un dira sans doute qu'il vaut mieux former de nouveaux ruchers que de tuer les abeilles. Nous sommes volontiers de cet avis ; nous l'avons mis en pratique ; nous avons des abeilles partout où nous pouvons en avoir : maintenant que faut-il faire ? Il faut vendre, répondra-t-on ; mais à qui ? Dans nos landes, personne n'achette de ruches, excepté les Auvergnats, et les Auvergnats ne les achettent

que pour les détruire, parce qu'ils font
le commerce de la cire et du miel. Dans
cet état de choses, ne vaut-il pas autant
tuer soi-même ses abeilles superflues que
de les vendre pour être tuées? C'est parfaitement égal pour elles, puisqu'il leur
faut mourir; mais pour nous, il nous est
beaucoup plus avantageux de les tuer
nous-mêmes que de les vendre. Celui qui
vend est obligé de livrer ce qu'on demande, et ce qu'il a de plus précieux, et
non ce dont il a intérêt de se défaire,
tandis que celui qui fait lui-même son
opération, sacrifie ce qu'il veut, et se dé-
barrasse de tout ce qui est mauvais. La
différence est sensible.

La pratique de tuer les abeilles est la plus avanta-
geuse aux propriétaires et à l'État.

S'il est vrai, comme nous croyons l'a-
voir prouvé, qu'on sauve les abeilles en
en tuant une partie, s'il est vrai que ce
n'est que par ce moyen qu'on les maintient et qu'on peut les maintenir dans la
prospérité, il s'ensuit nécessairement que
la pratique de les tuer est la plus profitable aux propriétaires et à l'État; car les
abeilles, dans la prospérité, doivent donner plus de produit et de revenu, que

lorsqu'elles sont misérables. Il y a toujours auprès des riches quelque chose à prendre et à gagner, au lieu que, avec les pauvres, tout perdre et donner sans cesse.

Mais nous ne nous bornerons pas à ce raisonnement, aussi concluant que simple. Nous voulons faire le parallèle des deux pratiques, afin que l'on puisse juger soi-même quelle est la plus profitable. Nous supposons, pour cela, deux propriétaires, dont le premier a adopté notre pratique, et le second la pratique contraire. Nous supposons qu'ils ont deux ruchers égaux, un égal nombre de ruches, les ruches d'une égale force; nous supposons que les deux propriétaires sont aussi soigneux et aussi industrieux l'un que l'autre, et que la fertilité des lieux est la même. Nous supposons que les deux ruchers sont anciens, qu'on a souvent vu à chacun soixante-dix ruches, mais jamais au-delà, de sorte que soixante-dix est leur *maximum*. Dans ce moment, ils sont réduits à la moitié de ce nombre, à trente-cinq.

Les choses étant dans cet état, nous supposons qu'une année fertile survient, et ne dérange pas l'égalité; les deux ruchers sont doublés; nous avons les uns et les autres soixante-dix ruches, et l'état des ruches est le même des deux cotés. Et voici quel sera cet état (que nous détaillerons d'après le cours ordinaire des choses). Dans chaque rucher, huit familles qui n'ont point jeté, et qui sont très populeuses et très riches. Parmi les ruches mères, douze ont réparé leur perte, et sont bonnes; les autres quinze sont faibles et épuisées, parce qu'elles ont essaimé trop ou trop tard; parmi les essaims, huit sont magnifiques, dix bien bons, douze sont médiocres, mais cependant viables et bons; enfin les cinq qui restent ne valent rien, et ne peuvent vivre.

Jusque là tout a été égal; mais ici va commencer la différence. Nos deux cultivateurs opèrent chacun à leur façon. Le premier détruit trente ruches, et s'empare de toutes leurs richesses; le second garde toutes ses peuplades, mais il leur prend tout ce qu'il peut : et voici quel sera le produit. Si celui qui a tué les abeilles, eût détruit les trente plus belles ruches, il aurait récolté environ six cents kil. miel et trente kil. cire; mais l'économie et la prudence ne lui ont pas permis d'agir ainsi, il a dû nétoyer son rucher, et ne garder que des ruches bonnes; de sorte qu'il n'a récolté que quatre cents kil. miel (huit cents livres) et vingt-deux kil. et demi de cire (quarante-cinq livres). Nous estimons tout au plus bas. Celui qui a gardé toutes ses ruches a obtenu, portant tout au plus haut : 1° de ses huit premières ruches, soixante kil. miel (cent vingt livres); 2° des ruches mères bonnes, quarante-cinq kil. miel (quatre-vingt-dix livres), et c'est beaucoup trop; 3° de ses meilleurs essaims, quarante-cinq kil. miel (quatre-vingt-dix livres). Total, cent cinquante kil. (trois cent livres), et sa recette en cire sera de six kil. (douze livres). Voilà à quoi se réduira sa récolte, car il ne pourra rien prendre sur les vieilles ruches épuisées; il faudrait plutôt leur donner. Il ne pourra pas non plus dégraisser cette multitude de jeunes essaims, qui n'ont rempli de leurs gâteaux que la moitié ou les deux tiers de leurs ruches, à moins qu'il n'ait à cœur de les faire périr. Quant aux cinq mauvais essaims, il est inutile d'en parler. Cependant il faut observer qu'il a fait bien du mal à ses mouches. Il ne lui reste pas une seule ruche forte; elles sont toutes médiocres ou faibles.

(283)

RESULTAT COMPARATIF.

Le premier propriétaire a. . . 400 k.   miel (800 l.). } Différence, 250 k. ou 500 l.
Le second. . . . 150 k.   miel (300 l.). }

Le premier propriétaire a. . 22 k. 1/2 cire (45 l.). } Différence, 16 k. ou 32 l.
Le second. . . . 6 k.   cire (12 l.). }

Mais vous ne manquerez pas d'observer que, si nous sommes plus riches en miel ou en cire, vous l'êtes plus en ruches. Nous ne pouvons le nier, pour le premier moment : mais combien durera votre supériorité? D'abord si, comme nous le supposons, notre opération a été bien faite, nous n'avons que des ruches fortes et des ruches bonnes; ainsi nous ne devons en perdre aucune avant le retour de la saison des fleurs, sauf les accidents, que nous ne supposons ni pour les uns ni pour les autres.

Vous, au contraire, vous avez conservé tout, mauvais et bon, et vous avez pris la sage précaution d'affaiblir et d'appauvrir tout ce qui était fort et riche; ainsi, vous devez compter que votre rucher sera bien rapetissé avant que la tourterelle revienne roucouler sur le sommet de vos chênes. Vous aurez alors perdu vos cinq mauvais essaims, et au moins la moitié des ruches épuisées ; quelques autres seront également mortes, pour avoir été trop vivement saignées ; de sorte que nous croyons vous faire grâce en supposant que votre perte n'aura été que de douze ruches. Voilà donc votre supériorité, qui était d'abord de trente, réduite à dix-huit.

Nous allons plus loin, et nous supposons, ce qui peut vous arriver de plus heureux, que l'année qui suit est aussi fertile que la précédente. Voici comment tout ira. Notre homme n'a que quarante ruches, mais toutes en bon état et bien pourvues ; elles travailleront avec la plus grande activité ; bientôt elles regorgeront de mouches ; les essaims sortiront de tous côtés, et, au bout de six semaines, il arrivera au *maximum*, et comptera soixante-dix ruches. Le vôtre a cinquante-huit peuplades ; elles sont affaiblies ; elles ne pourront profiter de la miellée, et se refaire que lentement. Cependant elles lui donneront des essaims, mais des essaims tardifs et en petit nombre ; car ce terrible *maximum*, cette borne fatale, qu'il n'a jamais franchie, et qu'il ne franchira jamais, est là pour l'arrêter, et il n'aura pas plus de soixante-dix ruches. Sa supériorité n'exis-

tera donc plus après une nouvelle abondance. Elle n'existera pas non plus après
une année commune et ordinaire; car on
conçoit facilement que les abeilles du premier propriétaire, bien munies à l'ouverture du printemps, et réduites à un nombre proportionné aux ressources de sa
localité, se soutiendront facilement. Elles
donneront quelques essaims; un nombre
à peu près égal de familles périront, et
l'on se retrouvera, l'année suivante, dans
le même état. Le second propriétaire
n'aura, au commencement de cette saison, que des ruches médiocres et des ruches faibles; de plus, elles ne seront pas
en proportion avec les ressources de la
contrée qu'elles parcourent; étant beaucoup trop nombreuses, elles languiront,
elles souffriront; le rucher sera comme
une ville qui occupait et nourrissait dix
mille ames, et qui n'offre plus de travail
et de subsistance que pour six mille;
il en résultera une dépopulation considérable, et l'on sera fort heureux si
l'on sauve quarante ruches, et ces quarante ruches seront bien faibles, parce
qu'elles auront beaucoup souffert, et
parce que celles qui ont péri auront consommé en pure perte une partie des res-

sources. Voilà donc encore cette supériorité de nombre perdue au bout d'un an.

Ce sera bien pis si nous supposons une
année stérile. L'expérience démontre que
les ruches qui sont en bon état à la fin
de l'hiver supportent facilement, à l'aide
de leurs provisions et du peu qu'elles récoltent, les rigueurs d'un printemps stérile. Ainsi les nôtres ne commenceront à
souffrir qu'au solstice d'été : les vôtres
commenceront à périr dès le mois d'avril ;
plus vous en avez, moins vous en sauverez, et ce sera un grand bonheur s'il vous
en reste dix.

Voilà donc, dans toutes les supposi-
tions, votre grande supériorité de nombre
bientôt perdue. N'eût-il pas mieux valu
pour vous, faire comme nous? N'en se-
riez-vous pas plus riches? Nos paysans
n'ont-ils pas raison de dire « qu'il faut
» prendre le profit des abeilles lorsqu'il
» se présente ; que si on le laisse s'échap-
» per, on ne le rattrappe plus [1] ? » Celui qui détruit une ruche après la saison
des fleurs ne profite-t-il pas plus que celui qui la laisse périr de faim pendant ou

____

[1] Proverbe populaire, accrédité dans toutes
les Landes.

après l'hiver, et qui n'y trouvera que quelques onces de cire, s'il plaît aux rats et aux fausses teignes de les lui laisser.

Quelqu'un trouvera peut-être étrange que je donne au propriétaire qui tue ses abeilles, cinq et demi cire pour cent de miel, tandis que je n'accorde à l'autre que quatre pour cent. Nous nous contenterons de dire que cela est et que cela doit être ainsi, parce que le premier, en vidant ses ruches, y trouve, outre les rayons de miel, quelques gâteaux de cire secs et sans miel, tandis que le second ne récolte que des rayons de miel.

Voici encore un service bien important rendu à l'État par nos abeilles et par notre pratique. La mélasse des raffineries de sucre devint, en 1811, 1812 et 1813, si chère et en même temps si rare, que les manufactures de tabac en manquèrent : le miel de nos ruches sacrifiées vint à leur secours.

Des pharmaciens zélés et instruits firent avec ce miel un sirop qui remplaça la mélasse, et alimenta les manufactures de tabac jusqu'aux extrémités de la France. Ce sirop était trop noir et trop brûlé sans doute, pour imiter la mélasse, et, plus probablement, pour que l'odeur du ca-

ramel fit disparaître entièrement le par-
fum du miel, qui aurait été désagréable
dans le tabac.

Une chose qui nous a surpris, c'est que
ceux qui ont fait ces opérations les ont
tenues très secrètes. Il serait pourtant bon
que les procédés mis en usage ne fussent
pas ignorés, afin qu'on pût s'en servir si
l'on venait à se retrouver dans des circonstances aussi malheureuses.

En 1817, les terres, lavées par les pluies
continuelles de l'année précédente, furent stériles ; les propriétaires n'avaient
presque pas de grains à vendre, et les paysans manquaient de subsistances pour la
moitié de l'année. En revanche, les abeilles réussirent parfaitement, et on détrui-
sit plus de ruches qu'en 1815. Les maî-
tres qui font cultiver les abeilles eurent
un bon revenu, et les métayers qui les
soignent mangèrent leur pain comme de
coutume, tandis que de grandes familles
qui négligent ce genre de culture, vécu-
rent plusieurs mois de son remoulu, ou
s'endettèrent pour toute leur vie.

Nous pourrions ajouter plusieurs autres circonstances particulières où les
mouches à miel, gouvernées d'après no-

tre pratique, ont été très utiles à leur maître et au pays ; mais nous croyons en avoir
dit assez pour convaincre que nos procédés sont les plus avantageux. Nous laissons maintenant aux partisans de la pratique opposée le soin de nous vanter
leurs avantages. En attendant, nous tuerons les abeilles toutes les fois qu'elles
multiplieront beaucoup, bien convaincu
qu'en les tuant, nous les conservons et
les faisons prospérer, au lieu que vous
les ruinez en les gardant toutes, et qu'en
les affaiblissant par vos récoltes vous les
empêchez de reproduire, et étouffez les
enfants dans le sein de leur mère. Nous
tuerons encore les abeilles, parce que ce
moyen nous procure des profits plus considérables. Enfin, la pratique de tuer les
abeilles est la plus utile aux abeilles elles-
mêmes, aux propriétaires et à l'état ; elle
est donc préférable.

MOYENS DE FAIRE TRAVAILLER LES ABEILLES EN CIRE.

Dans plusieurs cantons en France, la
qualité du miel est inférieure, quoique la
cire soit très belle. Plusieurs des départe-

ments de l'ancienne province de Bretagne sont dans ce cas. Les cultivateurs feront donc bien, pour tirer un meilleur parti de leurs abeilles, de les forcer à travailler en cire [1].

Voici les procédés que M. Féburier propose pour y parvenir :

« On vérifierait les ruches, dit-il, au moment où le sarrasin entrerait en fleur ; si

---

[1] La France tire annuellement du dehors près d'un demi-million de livres de cire, lorsqu'elle pourrait, par l'heureuse fécondité de son sol, la nature de ses récoltes et l'industrie de ses habitants, fournir elle-même aux besoins d'une partie de l'Europe, et se créer ainsi une branche de revenus fort importante. Toutes les localités sans doute ne permettent pas de donner à cette industrie une extension considérable ; cependant il n'en est aucune qui s'y refuse entièrement.

Les cantons qui lui conviennent le mieux sont principalement, ainsi que nous l'avons déjà dit, ceux qui abondent en bois taillis, qui présentent des montagnes ou des plaines couvertes de friches, des bruyères, des plantes aromatiques, des pâturages étendus, des prairies artificielles, en un mot des cultures variées. Le sainfoin et le sarrasin fournissent aux abeilles une récolte abondante. L'un donne un miel renommé, l'autre produit une cire excellente. En général, les céréales leur conviennent peu.

elles étaient bien approvisionnées de
miel, on en ferait de suite la récolte, au
moyen de la taille; dans le cas contraire,
on attendrait, pour ne récolter que de
la cire. On aurait l'attention de couper
les alvéoles royaux, s'il y en avait au
moment de la visite, pour arrêter la sortie des seconds essaims, et s'il en sortait
un, on le ferait rentrer dans la ruche.

On récolterait le miel en enlevant tous
les rayons qui ne contiendraient pas de
couvain, et en coupant même la partie
qui serait remplie de miel dans les rayons
où il se trouverait du couvain. Pour cet
effet, on adopterait de préférence les ruches à la Bosc.

La récolte ne serait peut-être que de
moitié, ou même du tiers de celle ordinaire, mais on aurait du miel bien supérieur à celui qu'on récolte par la méthode
actuelle, puisqu'il serait le produit des
fleurs printannières, et qu'il n'y entrerait ni nectar, ni miellée de sarrasin.

On visiterait les ruches trois semaines
après, ou plus tôt si la saison était favorable : l'expérience seule doit fournir,
dans chaque canton, le moment de cette
visite, qui, dans les cantons très favori-
sés, peut avoir lieu quelques jours après.

Si elles étaient garnies de rayons, on en détacherait deux ou trois de chaque côté, avant que les abeilles y eussent mis du miel ; on renouvellerait l'opération plus ou moins, suivant le temps, et on cesserait dès que les abeilles ne pourraient plus recueillir que leurs provisions d'hiver, qu'on compléterait au besoin, en donnant du sirop aux abeilles. De cette manière, on tirerait un parti avantageux de ses abeilles. »

CHAPITRE II.

DE LA CIRE ET DU MIEL.

De la cire.

Dans l'*Histoire de l'art chez les anciens,*
par *Winkelman*, on trouve des choses
fort curieuses sur l'usage de la cire. Dans
la haute antiquité, on enduisait des feuilles de bois avec de la cire, sur laquelle
on écrivait avec une aiguille de métal,
que l'on nommait *style* ou *stylet*. Cela est
attesté par des peintures antiques, et par
un bas-relief de la ville d'Albani, où l'on
voit la nourrice de Phèdre offrant de ces
feuilles à Hyppolite, pour lui apprendre
l'amour que l'infortunée Phèdre avait
conçu pour lui : on nommait ces feuilles
Codiciles.

L'écriture devenue en usage, les anciens ne pliaient point leurs lettres comme
nous les voyons, ils les roulaient et les
fermaient avec un fil et de la cire, pour
en empêcher la lecture aux messagers qui
les portaient à leur destination. Dans un
autre écrit, le même auteur nous dit encore : « C'est dans la cire que les Spar-

liates conservaient les corps de leurs rois.
C'est avec de la cire que les prétendues
magiciennes de la Grèce imitaient les figures des personnes sur lesquelles elles pré-
tendaient jeter des sorts. C'est avec un
enduit de cire que l'on a conservé jusqu'à nous ces chefs-d'œuvre de l'antiquité, l'Antinoüs, le Mercure du Capitole,
le Faune, la Vénus de Médicis, l'Appol-
lon, etc. »

La cire est une substance inflammable,
concrète, qui n'a point d'analogue. Elle
est le produit des abeilles qui vont récolter le pollen des fleurs, pour lui faire
subir dans leur estomac une élaboration
particulière, dont il serait bien difficile
d'expliquer le mécanisme, et à l'aide de
laquelle cette matière végétale est con-
vertie en la substance dont elles se servent pour construire leurs alvéoles. Ce
sont ces alvéoles ou rayons dont on a
séparé le miel, que l'on a fait liquéfier,
que l'on a dépuré et coulé dans des
moules cylindriques, qui constituent ce
que nous connaissons sous le nom de cire
neuve ou cire jaune.

La cire a des caractères particuliers qui
la distinguent des corps huileux et adi-
peux. Lorsqu'elle est bien pure, elle n'a

ni saveur, ni odeur bien sensibles ; si, au contraire, elle n'a encore subi qu'une simple liquéfaction, elle participe de l'arome du miel qu'elle avait retenu lorsqu'elle était disposée en hexagones dans la ruches des abeilles. Soumise à l'action de l'eau bouillante, elle ne communique à celle-ci aucun caractère particulier ; l'alcool ne la dissout point, il lui donne au contraire plus de solidité qu'elle n'en a naturellement. Cette solidité devient telle, qu'elle en est friable, jusqu'à pouvoir êtrĕ réduite en poudre ; si elle est coulée liquide sur une étoffe, elle la pénètre sans s'y étendre et sans y imprimer de tache ; il suffit de verser par-dessus un peu d'alcool pour l'en séparer.

Les acides concentrés la brûlent ; les alcalis forment avec elle un savon. Cette propriété savonneuse de la cire par les alcalis, a donné aux peintres d'impression l'idée des encaustiques, c'est-à-dire de l'application de la cire colorée avec les oxydes argileux jaunes, rouges ou verts, rendue miscible à l'eau par la potasse, pour appliquer les dernières couches sur les carreaux des appartements, et les vernir d'une manière uniforme. La brosse du frotteur donne à cette couche le poli luisant du vernis.

Enfin la cire, en brûlant, ne donne que très peu de charbon, et sa lumière est plus douce, et occasione des ombres moins obscures que celle que donnent les graisses.

La cire se liquéfie à une très légère température ; cependant elle exige un degré plus élevé que celui qui est nécessaire pour la liquéfaction de la graisse. Si l'on chauffe fortement la cire dans les vaisseaux fermés, elle donne de l'eau, une liqueur acide de la nature de l'acide acétique empyreumatique, que l'on regardait comme un acide particulier qui portait le nom d'acide sébacique ; du gaz hydrogène carboné, et une huile âcre. Ces produits font penser avec raison que la cire est de nature végétale.

Cire blanche, *cera alba*. On donne improprement le nom de cire vierge à la cire blanche, puisque cette cire a reçu un apprêt qui l'éloigne nécessairement de sa première origine.

La cire blanche est le résultat de l'oxygénation de la cire jaune, opération à l'aide de laquelle on lui enlève son principe colorant : cette opération se nomme *blanchissement ;* elle se fait de deux ma-

nières, ou par l'action combinée de l'air
et de l'eau sur le pré, ou par l'immersion
combinée de l'eau chargée d'acide muriatique oxygéné. Ce second procédé est facile et très expéditif. Il consiste à plonger
dans l'eau chargée d'acide muriatique
oxygéné de la cire réduite en grenaille
et de la présenter de temps en temps à
l'air. Le gaz oxygène brûle le principe colorant, et la cire devient blanche en très
peu de temps. Le premier procédé, et qui
est le plus usité, consiste à faire liquéfier
la cire dans une chaudière, à la plus douce
chaleur possible ; au bas de la chaudière
est pratiquée une ouverture ou une fon-
taine, qui permet l'écoulement de la cire
fondue en petits filets sur un grand cylindre plongé dans l'eau, et que l'on tourne
continuellement sur son axe, de manière
que la cire tombant et rencontrant un
corps mouillé, se concrète aussitôt et
tombe en grenaille, ou ruban, dans l'eau
de la cuve, sur laquelle est posé l'axe du
cylindre. Lorsque toute la cire est réduite en grenaille, on l'étend sur des
châssis de toile, posés sur le pré, à une
élévation d'un pied au-dessus de la terre,
afin que l'air puisse circuler librement
par-dessous comme par-dessus. On ne

met sur la toile qu'une couche de cire, d'une épaisseur d'un pouce et demi au plus ; tous les soirs on l'arrose légèrement, et l'oxygène de l'air, celui de l'eau, de la rosée qui s'élève le soir, retombe à l'aube du jour, que le soleil dissipe le matin, réagit sur le principe colorant, et le fait disparaître. Lorsque toute la cire est bien blanchie, elle porte le nom de cire blanche en grain ; elle est sèche, friable, et se réduirait facilement en poudre. Pour la couler en pains ronds et plats, on la fait fondre, mais on y ajoute tant soit peu de suif de mouton, pour lui restituer le liant qu'elle a perdu dans le blanchiment, et on la coule dans des moules.

Du miel.

Le miel a été regardé par les anciens, comme la première production de la nature, comme un présent des dieux. Les auteurs sacrés et profanes ont exalté sa bonté ; les poètes l'ont chanté ; des vieillesses remarquables ont été attribuées à sa consommation habituelle ; avec du miel, les anciens faisaient des libations autour des tombeaux de ceux qui leur avaient été chers ; avec du miel, les Grecs conservaient des corps morts, regardant cette substance comme incorruptible. Pour appaiser les dieux, ils repandaient du miel sur les autels et sur la tête des victimes. Dans les marches triomphales, dans celles de leurs fêtes, ils avaient à leur suite des esclaves qui portaient sur leurs épaules des vases remplis de miel, pour faire des libations.

L'histoire nous apprend que Pollio Romulus, qui parvint à la vieillesse la plus reculée, ayant été interrogé sur le régime qu'il avait suivi, répondit cette sentence latine : *Intus mulso, foris oleo.* C'est-à-dire : j'ai fait usage de l'hydromel et je me suis frotté d'huile : ce qui signifie qu'il avait fait en même - temps beaucoup d'exercice.

Les Grecs modernes font encore une grande consommation de miel; ils le croient particulièrement utile aux personnes âgées, en ce qu'il rétablit les forces abattues.

Le miel est un suc gommeux, sucré, fermentescible, qui est un des principes immédiats des végétaux, mais qui a reçu une élaboration particulière dans l'estomac des l'abeilles.

On distingue le miel en miel vierge,

ou écru , miel de seconde qualité et miel commun. Les marchands les distinguent aussi par les noms des lieux d'où ils viennent , et pour nous faire entendre de tout le monde , nous sommes obligés de conserver les anciens noms des provinces de France, comprises actuellement sous ceux de départements.

Le miel vierge est celui que l'on obtient des rayons de cire qui le recèlent dans les alvéoles, et que l'on a laissé couler sans aucun effort, en renversant les gâteaux de cire et de miel sur des nattes de jonc ou des brins d'osier, avec des récipients par-dessous.

Le miel de seconde qualité est celui qu'on obtient en pressant les gâteaux légèrement. Ces deux sortes de miel, qui sont demi fluides dans la ruche, ne tardent pas à prendre de la consistance par le temps.

Quelques personnes donnent au miel ordinaire un goût très agréable, en mêlant à celui qui sort des meilleurs gâteaux , de la fleur de romarin. Ce miel, alors, ressemble assez à celui de Narbonne; mais il n'a jamais le grain qui appartient exclusivement au miel de ce nom. On peut aussi employer la feuille de l'arbrisseau , mais on observera d'en proportionner la quantité à celle du miel, qui deviendrait amer et désagréable, si elle était trop abondante. On filtre le miel pour séparer les feuilles ou les fleurs, lorsqu'on présume qu'elles y ont demeuré le temps convenable pour communiquer leur odeur.

Le miel commun s'obtient en exposant à la vapeur de l'eau chaude les rayons de cire qui ont déjà fourni les deux premières qualités. On les soumet promptement à la presse, et le miel qui en découle est liquide.

La première sorte de miel est le miel dit de Narbonne [1]; il est blanc, grenu, ayant une légère odeur de romarin.

Les qualités du miel sont dans l'ordre qui suit, par rapport aux lieux d'où ils viennent : miels de Narbonne, de Provence et de Languedoc; viennent ensuite les miels de Champagne, de Touraine, de Picardie, de Bretagne et de Normandie. Celui de ce dernier endroit est le moins bon de tous; il est jaune et peu ferme; il doit sa couleur aux fleurs du

---

[1] Les autres miels en réputation sont ceux du Port-Mahon, du mont Hymette, du mont Ida et de Cuba. Ils sont liquides, blancs et transparents.

genêt, qui est très commun dans cette province. On fait avec le miel de l'hydromel simple, vineux, de l'alcool, des sirops ou miels de pharmacie, qu'il faut distinguer sous le nom de *mellitum*; on le fait entrer dans la composition de quelques électuaires; on en fait des marmelades, des confitures; on en édulcore les tisanes et boissons médicinales.

Le miel qui commence à s'altérer par fermentation, peut être ramené à son premier état à très peu de chose près, en l'exposant à une température froide. La partie concrescible du miel se solidifie, et sa partie altérée demeure liquide; on le sépare aisément.

Instruments et Ustensiles nécessaires à la récolte des ruches.

Pour faire la recolte de la cire, il faut avoir un enfumoir et deux tranchants. Voir, pour l'enfumoir ou fumigatoire, page 149 : *Enfumage des Abeilles.*

Le tranchant se fait avec un morceau de fer rond ou carré, de quatre à cinq lignes de grosseur, long d'un pied, y compris le manche de bois de cinq pouces, et non compris la lame, dont voici la description : à l'extrémité du fer est une petite lame, comme un fer de lance saillante, mais courbée à angle droit, de quinze à dix-huit lignes de longueur, sur six de largeur vers sa tige, venant en diminuant jusqu'à son extrémité, coupant des deux côtés, et à son bout. Comme ce fer doit être chauffé souvent, il est inutile d'employer de l'acier pour la lame.

On doit avoir deux tranchants, afin que l'un se refroidissant, on puisse se servir de l'autre ; il ne faut pas qu'ils soient trop chauds, de peur de faire fondre la cire, mais assez pour couper net. Si les tranchants étaient froids, les rayons se déchireraient ou se colleraient les uns contre les autres, plutôt qu'ils ne couperaient.

Lorsqu'on ne recueille qu'une petite quantité de miel, il suffit d'avoir quelques terrines, trois ou quatre tamis d'une toile de crin claire, et des pots de terre dont on a eu soin de noter le poids par-dessous.

Lorsque l'on exploite en grand, il est indispensable d'avoir des paniers, des corbeilles d'osier, pour mettre égoutter les rayons de miel sur les terrines ou baquets. On aura des barils neufs, propres, bien reliés et sans odeur, devant contenir 50 à 100 livres de miel. Un baril de 20 livres contiendra 25 kil. de miel. Il faudra avoir une presse et des sacs de toile claire, pour contenir les matières qu'on voudra presser. Voir le chapitre suivant : *De la manière d'extraire le miel.* On aura aussi plusieurs grands seaux de faïence ou de terre vernissée, troués à six lignes du fond (on peut faire ces trous soi-même), et qu'on tiendra habituellement fermés avec un bouchon. Il faudra que ces seaux soient assez grands pour qu'un seul, plein de miel, puisse remplir un baril.

CHAPITRE III.

MANIÈRE DE VIDER LES RUCHES ET D'EXTRAIRE LE MIEL DES RAYONS.

Lorsque presque toutes les abeilles ont quitté les ruches ou les boîtes qu'on doit vider, on les transporte dans une chambre; si c'est la nuit qu'on doit opérer, on aura la précaution, en sortant, de fermer les portes et les fenêtres; si c'est le jour, on ne laissera entrer la lumière que par une petite ouverture, afin que les abeilles puissent sortir en la voyant. On se munira ensuite des instruments désignés plus haut.

On commence par détacher les bâtons croisés, et puis chaque rayon en particulier; s'il y a des abeilles, on les fait tomber dans une ruche vide, avec une plume qu'on lave dans l'eau lorsqu'elle est trop remplie de miel. On pose chaque rayon sur le tamis, on en sépare la cire qui ne contient point de miel, ainsi que celle où se trouvent des vers, des nymphes, etc.; on met le tout à part. Si les rayons contiennent du miel de plusieurs couleurs, on met chaque espèce dans des tamis séparés.

C'est entre le pouce et l'index qu'on doit écraser les rayons, sans jamais les pétrir; on les divise en très petits morceaux, qu'on laisse tomber successivement avec le miel qui en découle.

On peut aussi se servir utilement de la *Presse à retirer le miel des gâteaux de cire*, par M. Fauvet[1]. Voici le rapport que MM. Molard et Bosc ont fait sur cet instrument, à la Société royale d'agriculture du département de la Seine, dans sa séance du 20 août 1823.

« Le principe de cette presse, dont M. d'Ossenbach a fait usage pendant plusieurs années, n'est pas nouveau, puisque c'est sur la puissance du coin qu'il est fondé, qu'il ne diffère pas de celui des tordoirs ou moulins à huile hollandais. Mais nous ne croyons pas qu'il ait encore été appliqué à l'extraction du miel des gâteaux des abeilles.

» Pour construire une de ces presses, on perce un tronc de chêne, équarri et reconnu sain, A, fig. 1, 2, et 3, de manière à laisser une grande force aux parois

____

[1] Voyez planche 8.

de deux parallélogrammes, dont l'un n'a qu'un tiers de la longueur et de la largeur de l'autre, mais qui se communique, ainsi qu'on le voit par la partie blanche de la figure 1re. Les grandeurs peuvent varier, mais celle qui est indiquée par l'échelle de la planche, paraît la plus convenable. Le trou fait, on monte la pièce sur quatre pieds gros et courts, et on les fixe sur deux madriers à demi enfoncés en terre, comme le montrent les figures 2 et 4.

» La partie la plus grande du trou reçoit 1° deux planches mobiles, D. D., fig. 1, 2 et 3, pourvues à leur partie supérieure, d'oreilles qui les empêchent de glisser, planches entre lesquelles se place le sac de fort canevas ou de lin, I, fig. 1 et 2, contenant les gâteaux garnis de miel ; 2° un fort madrier incisé dans sa partie supérieure, et graduellement du côté de la partie la plus petite et de sa même largeur, E, fig. 1, 2 et 3, il est également pourvu d'oreilles. La plus petite partie est destinée à recevoir d'abord un coin divisé longitudinalement en deux portions, chacune desquelles porte, à son sommet, une virole de fer, qui le consolide et qui l'élève au-dessus du plan supérieur, G. G., fig. 1, 2 et 3; ensuite un contre-coin encore un peu plus élevé, dans lequel est percé, au niveau du plan, un trou propre à recevoir une forte cheville au moment de l'action, H, fig. 1, 2 et 4.

» Toutes ces parties mobiles peuvent être de chêne, mais elles sont plus durables et d'une action plus facile lorsqu'elles sont de cormier ou de poirier.

» Les choses ainsi disposées, on frappe alternativement avec un gros maillet sur les deux viroles du coin, qui, en s'enforçant, poussent le madrier et la planche qui lui est attenante, contre le sac plein, ce qui en fait sortir le miel plus rapidement et plus complétement que cela à lieu dans les presses à long levier et dans la presse à vis, qui sont les deux sortes les plus généralement usitées dans les campagnes. Nous craignons même qu'il presse trop, car il y a toujours dans les alvéoles des gâteaux du couvain et du rouget, qui, entraînés dans le miel, altèrent sa qualité; cependant, comme celui qui opère est le maître d'arrêter la pression au point qu'il désire, cet inconvénient devient nul dès qu'il le connaît.

» Lorsque la *pressée* est jugée suffisante,

on ôte la cheville du contre-coin, et on
frappe quelques forts coups de maillet
sur son sommet, lesquels font relever
le coin, qu'on enlève alors avec la plus
grande facilité, puis on recharge le sac
de cire, on replace le coin, et on recom-
mance à frapper sur ses viroles. »

L'auteur observe qu'il vaut mieux frapper alternativement sur chaque portion
du coin que sur les deux à la fois.

On peut utiliser cette presse dans les
campagnes, non-seulement à l'objet indiqué, mais encore à exprimer le vin
d'une petite vendange, l'huile d'une petite récolte de graines, mais encore à dé-
barrasser le beurre et le fromage de leur
petit lait, mais encore à sécher le linge
rapidement et à éviter son repassage dans
beaucoup de circonstances. Elle a sur la
presse hydraulique, qu'elle égale presque
en force, l'avantage de coûter fort peu,
et de ne se déranger jamais lorsqu'on renouvelle ses parties avant qu'elles soient
hors de service; il est donc à désirer
qu'elle devienne usuelle dans les campagnes.

La ruche vidée, on la gratte avec une
cuillère pour en détacher la cire; on la
renverse sur un tamis, et on la laisse

égoutter. On porte la ruche qui contient les abeilles qu'on a trouvée sur les rayons, au soleil, devant les ruches; elles ne tardent pas à aller retrouver leur reine.

Si l'on opère en été, la chaleur du soleil, à laquelle on expose les tamis pendant deux ou trois jours, à l'abri du pillage des abeilles, suffit pour séparer le miel de la cire. Si le temps est froid, on les met devant le feu ou dans un four dont on vient de tirer le pain, ou qu'on chauffe exprès à ce degré de chaleur.

On vide le miel qu'on a obtenu dans des pots ou dans des barils de bois blanc; on couvre les pots au bout de huit jours, ayant soin de les préserver de la poussière, des mouches et des abeilles, et d'écumer le miel, pour ôter les parties étrangères qui se dégagent et montent à la surface. Si le miel n'était pas propre, on le passerait de nouveau dans le même tamis ou dans un plus fin.

Si on met sur le tamis, avant d'écraser les rayons, des plantes aromatiques, de la fleur d'orange, etc. le miel en contractera l'odeur.

On remarquera que le miel recueilli dans le voisinage des bois est rouge, aigrelet et purgatif; celui des plaines est blanc, nourrissant, peu purgatif; celui des plaines qui avoisinent les bois participe de l'un et de l'autre.

MOYEN D'EXTRAIRE TOUT LE MIEL CONTENU DANS LA CIRE.

On laisse tremper la cire dans l'eau presque bouillante, pendant environ une heure, on la lave en la frottant entre ses mains, on la presse pour en faire sortir l'eau qu'elle contient; le miel se trouve délayé dans l'eau, qu'on passe et qu'on fait bouillir jusqu'à consistance de sirop, dont on peut faire usage, si le miel est bon. S'il est de mauvaise qualité, on réunira à cette eau celle qui aura servi à nettoyer tous les ustensiles propres au travail du miel, et le sirop qu'on en obtiendra, servira à nourrir les abeilles. On n'écumera pas cette eau pendant la cuisson, parce que l'écume contient beaucoup de miel.

Méthode d'opérer d'après Lombard.

Pour cette opération, dit Lombard, on choisira un beau jour; on s'établira près des croisées, dont le vitrage sera propre et net, de manière qu'au travers des carreaux le soleil puisse donner sur les rayons dont on voudra faire couler le miel; on aura soin d'écarter les abeilles mortes, le couvain et le pollen. Si la saison est avancée, il faut tenir un poële allumé dans le laboratoire, le miel coulera mieux.

Pour la manipulation on pose ses tamis ou corbeilles sur les terrines ou baquets. On fait un miel de choix en brisant, ouvrant les alvéoles des plus beaux rayons, en les mettant sur les tamis, corbeilles, etc.

On aura près de soi de l'eau pour désengluer ses mains, ses outils; on conservera cette eau, qui donnera, après quelque temps de fermentation, un petit hydromel assez agréable, et par la distillation de l'eau-de-vie et des esprits de bonne qualité. En poussant la fermentation jusqu'à l'acidité, on en tire du vinaigre.

A mesure qu'une certaine quantité de miel aura coulé, on le versera dans les seaux, qu'on remplira successivement avec le moins d'intervalle possible, afin que cela ne fasse pas deux espèces de miel, dont l'un s'opposerait à la prise de la consistance de l'autre. On couvrira ces seaux. Le lendemain ou trente-six heures après, quand on verra que toute l'écume est montée à la surface, on fera couler le miel par le trou des seaux dans les vases destinés à le faire passer dans le commerce. Si on le fait couler dans des barils, on y laissera un vide d'un travers de doigt; on couvrira les vases, on bondonnera les barils, qu'on mettra sur un de leur fonds; on marquera ce premier miel par M. V. (miel vierge); on notera le poids sur chaque vaisseau. On mettra ce miel dans un lieu frais sans être humide.

Manipulation du second miel.

Pour exprimer le second miel, si les rayons du premier sont mollets et le temps chaud, il suffit de les pétrir un peu et de les presser. Pour cela on a un morceau de toile forte un peu claire, ou de celle dite *canevas*, de quinze à seize pouces en carré; on passe une forte ficelle en demi-cercle sur les bords d'un côté, et autant de l'autre côté, de manière qu'en tirant ces ficelles, la toile fasse bourse.

On met ses rayons au milieu de la toile; on les presse de la main; on tire les ficelles pour fermer la bourse ; on la met sous la presse ; quand le miel en est exprimé, on met dessus une seconde bourse, on presse ; puis une troisième, etc. On laisse égoutter ,on desserre, on ouvre les bourses, d'où on retire la pâte de cire en galettes, qu'on met à part pour la fonte.

Ce second miel jette beaucoup d'écume qu'il faut enlever. On le fait couler, on le met dans des pots ou barils qu'on marque par ces lettres : M. E. (miel exprimé)

DE L'HYDROMEL.

Lorsqu'on veut faire de l'hydromel, on met, sur dix livres de miel, trente pintes d'eau environ ; si on le veut moins fort, on y met moins de miel. Les uns le réduisent à un quart, comme dix livres de miel , sur quarante pintes d'eau ; d'autres prétendent que dix livres de miel sur soixante pintes d'eau suffisent ; cela dépend du goût et de la volonté de ceux qui veulent faire usage de cette boisson salutaire, dont nous dirons les bonnes qualités ci-après.

Les doses d'eau et de miel le plus nouveau et le plus agréable au goût étant proportionnées, comme on vient

de le dire, on fait bien délayer et mê-
ler le tout dans un grand vaisseau de
cuivre étamé, s'il est possible, ou dans
de grands baquets ou chaudrons, où on
le fait bouillir dans l'instant, et on verse
cette liqueur d'abord qu'elle est cuite
suffisamment, dans d'autres vaisseaux,
pour qu'elle ne prenne pas le goût de
cuivre, qu'elle prendrait, si on la laissait
réfroidir dans ces chaudrons. On fait
bouillir cette liqueur à petit feu, jusqu'à
ce qu'elle n'écume plus, ou que l'écume
en soit très blanche; on a grand soin de
la bien écumer, pour n'y point laisser
d'ordure. On peut la passer ensuite par
un linge propre, ou par une chausse
d'hypocras, ou un tamis pour plus grande
propreté. Pour clarifier encore mieux
cette liqueur, on peut casser des œufs
sains, dont on prend les blancs seulement et les coquilles cassées et battues
ensemble, qu'on y jette pendant quelques minutes, comme on fait pour clarifier le sucre; on les en retire après
la cuisson avec une écumoire, ou en
filtrant la liqueur par un linge, ou tamis, comme je viens de le dire. Pour connaître si la liqueur a son degré de cuisson, on y jette un œuf frais entier, d'a-

bord qu'il la surnage sans couler au fond, c'est marque qu'elle est cuite suffisamment. Il faut avoir préparé un baril ou tonneau pour verser cette liqueur dedans, d'abord qu'elle est tirée de dessus le feu. Les barils ou tonneaux doivent avoir été échaudés à plusieurs reprises avec de l'eau bouillante, quoiqu'ils soient neufs, et les rincer avec deux ou trois pintes d'excellent vin blanc, ou avec de la bonne eau-de-vie, ou de l'esprit de vin. On verse la plus grande partie de cette liqueur dans l'un de ces vaisseaux, qu'on en remplit totalement : on a soin de réserver pour le remplissage ce qu'il en reste, dans des bouteilles ou cruches ; on couvre le trou du bondon et des bouteilles avec un morceau de linge, ou de papier, pour empêcher seulement les ordures d'y tomber, et les mouches et les moucherons de s'y introduire.

On place tous ces vaisseaux bien remplis dans une étuve, où on entretient une chaleur suffisante, ou sur le four, ou au soleil pendant la canicule, pour faire fermenter la liqueur, qui bout pendant six semaines, aussi fort que du vin nouveau bien fumeux, et elle jette dehors toutes les ordures et impuretés qui

pourraient y être restées. On a soin de
remplir à mesure qu'il en est besoin,
sans remuer, ni changer de place le baril
ou le tonneau, de la liqueur mise en réserve dans les bouteilles ou grandes cruches, afin d'aider à la perfection de la
fermentation : celle qui est procurée par
l'insolation, c'est-à-dire par la chaleur
du soleil, principalement au temps de
la canicule, est bien la meilleure : car le
soleil donne une fermentation plus modérée, quoiqu'on puisse la procurer bonne
et plus égale dans une étuve, en y pro-
curant une chaleur modérée continuelle ;
mais on préfère la fermentation de cette
liqueur faite à l'exposition du soleil, à
celle faite au moyen de l'étuve. Quand
cette liqueur est calmée, après sa fermentation, qu'elle ne jette plus d'ordure, et
que le vaisseau reste bien plein, on descend le baril ou tonneau dans la cave,
où on le laisse tranquillement passer l'hiver, après avoir mis le bondon enveloppé
d'un linge dans son trou à demeure.
Quand cette liqueur a acquis une force
égale à celle du vin, par la quantité de
miel proportionnée à l'eau, par sa grande
coction et fermentation, c'est ce qu'on
appelle véritable hydromel vineux, qu'il

n'est point facile de distinguer du bon vin d'Espagne, mais qui est plus sain pour le corps.

SIXIÈME PARTIE.

CHAPITRE PREMIER.

MALADIES DES ABEILLES. — LEURS REMÈDES.

Les maladies des abeilles sont au nombre de trois, la *dysenterie*, l'*indigestion* et l'*étouffement*.

La trop longue rétention des matières fécales, en hiver, fait périr les abeilles; ce qui arrive lorsqu'on les tient trop renfermées, ou qu'un froid trop prolongé les empêche de sortir. Cette maladie est la *dysenterie*.

Dès qu'on s'aperçoit qu'elle règne dans les ruches, il faut nettoyer les plateaux qui les portent, enfumer les abeilles, et leur donner le sirop suivant :

On mêle ensemble un demi-litre de bon vin, une livre de miel et quatre onces de sucre ou cassonade; on fait bouillir le tout jusqu'à consistance de miel frais, puis on y ajoute un peu de cire pour servir de liaison.

Ce sirop peut se garder plusieurs années à la cave, dans des bouteilles bien bouchées. La dose la plus forte pour une ruche bien peuplée, est la quantité que peut contenir une carte dont on relève les bords. On peut la réitérer cependant s'il est nécessaire. Avant de présenter ce sirop aux abeilles, on le fait un peu tiédir, et on le place le soir sous la ruche.

Un Anglais, M. Parkain, conseille, pour remède contre cete maladie, du sel dissous dans de l'eau.

L'*indigestion* provient du miel grossier qu'on donne aux abeilles quand elles manquent de provisions. Si le temps n'est pas chaud, celles qui ont perdu une partie de leur vigueur, digèrent mal ce miel; il leur cause l'*indigestion* et bientôt la *dysenterie*. Cette maladie doit être traitée de la même manière que la précédente. On la prévient aussi à l'aide du sirop dont il a été fait mention, page 147.

L'*étouffement*. Cette maladie attaque les abeilles, qui en meurent même, lorsque le miel qu'on leur donne a pris trop de consistance, et que, ne pouvant l'avaler, elles se lèchent les unes les autres, bouchent leurs trachées ou organes de leur respiration, et étouffent.

On doit donc choisir avec soin le miel qu'on destine aux provisions d'hiver. C'est le moyen d'empêcher que cette maladie, souvent assez commune, porte ses ravages sur les ruches.

CHAPITRE II.

ENNEMIS DES ABEILLES. — PRÉCAUTIONS A PRENDRE.

«Les abeilles ont hors de leurs ruches, dit Réaumur, des ennemis redoutables. Malgré leur aiguillon, des oiseaux de différentes espèces les avalent toutes vivantes; et parmi les insectes, parmi les mouches mêmes, il y en a qui leur sont supérieures en force, qui les attaquent, et qui les tuent pour les manger. J'ai vu souvent des frelons, et même des guêpes de l'espèce la plus commune, de celles qui ne sont guère plus grosses que les abeilles, rôder en voltigeant autour d'une ruche, y épier le moment favorable pour tomber sur une mouche laborieuse, qui revenait de la campagne, fatiguée et chargée de cire : celle-ci faisait des efforts inutiles pour se défendre; dans l'instant, elle était mise à mort; quelquefois la guêpe s'envolait au loin, en emportant sa proie; quelquefois elle se posait assez près, et ouvrait à belles dents le ventre de l'abeille, pour sucer tout ce qui y était contenu. J'ai vu de même quelquefois des abeilles occupées sur les fleurs à faire leur récolte, ou qui s'y rendaient pour la faire, qui étaient enlevées par des guêpes, ou par des frelons. On prétend qu'il a été impossible d'établir des abeilles dans quelques-unes de nos îles d'Amérique, parce que les guêpes, qui y sont en trop grand nombre, les détruisent toutes. Le mal qu'elles font dans ce pays-ci aux ruches, n'est pas grand, et ne vaut pas la peine qu'on tente tous les moyens de les faire périr, que nous ont indiqués des auteurs bien intentionnés pour les abeilles [1].

» Les araignées, qui font la guerre à tous les insectes auxquels elles sont supérieures en force, quoi qu'on en ait dit, ne sont pas non plus fort redoutables aux abeilles.

» On a mis aussi les fourmis au nombre

---

[1] Lombard conseille le moyen suivant pour détruire les guêpes. Il nous a réussi.

On enduit des tamis avec du miel, et le matin, avant la sortie des abeilles, qui sont plus frileuses que les guêpes, les tamis contiennent un grand nombre de ces dernières. On les détruit en les couvrant d'eau chaude.

des insectes qu'il faut éloigner des ruches; elles ne sont pas à craindre aux
abeilles mêmes; elles seraient très capa-
bses d'en vouloir à leur miel, mais elles
paraissent savoir à quoi elles s'expose-
raient, si elles allaient piller celui d'une
ruche bien peuplée. J'ai admiré souvent
le choix que certaines fourmis avaient
fait du lieu où elles s'étaient établies, de
ce qu'elles avaient su en trouver un qui
rassemblaient des avantages que tout autre
n'eût pu leur offrir. En entrouvrant les
volets de mes ruches vitrées, j'ai vu souvent des milliers de fourmis qui étaient
entre ces volets et les carreaux de verre;
elles y avaient transporté leurs œufs,
leurs vers et leurs nymphes, dont le
nombre égalait et surpassait quelquefois
celui des fourmis mêmes. Où auraient-
elles pu trouver un endroit dans le jardin
qui eût un pareil degré de chaleur, et
aussi constant? Mais on n'apercevait aucune fourmi, en dedans de ces mêmes
ruches qui en avaient tant au-dehors;
elles auraient trouvé de reste des ouvertures pour y entrer, dont, sans doute,
elles avaient grande envie, et ce qu'elles
n'eussent pas manqué de faire, si le miel
eût été moins bien gardé. Quand j'ai

laissé, pendant quelques heures dans le
jardin, des ruches dont les mouches
étaient mortes; alors les fourmis qui n'a-
vaient rien à craindre, n'ont pas manqué
d'aller se régaler du miel qui y était
resté; mais je ne les ai point vues aller
inquiéter des abeilles, dans des ruches
bien vives.

Les mulots sont mis au rang des ennemis des abeilles. Je doute pourtant
qu'il y en ait d'assez hardis pour oser
entrer dans une ruche dont les mouches
ont leur activité ordinaire : ils se tire-
raient mal d'une pareille expédition ; ils
ne résisteraient pas au nombre des piqûres qu'ils auraient à essuyer. Mais ils
peuvent, avec très peu de risque, faire
de grands ravages parmi les abeilles en-
gourdies de froid. Il faut faire en sorte
que les ruches qu'on laisse en plein air
soient placées de manière qu'il ne leur soit
pas aisé d'y entrer........ Dans une nuit,
un mulot pourrait détruire la ruche la
mieux peuplée. Dans le mois de mai
même, lorsqu'après des nuits froides,
j'ai renversé des ruches qui n'avaient pas
été assez bien placées, il m'est arrivé plusieurs fois, comme cela arrive dans de
grandes exploitations, d'en voir sortir

des mulots, et de trouver les débris de
leur repas, c'est-à-dire, les corps des
abeilles, dont ils avaient mangé la tête
et le corselet [1].

Les préceptes donnés par les anciens
ne veulent pas qu'on souffre les lézards,
les grenouilles, les crapauds, auprès des
ruches. Quand ces animaux peuvent at-
traper des abeilles, ils les mangent assu-
rément, comme ils mangent tant d'autres insectes ; mais ils en attrapent si peu
dans le cours d'une année, qu'ils ne di-
minuent jamais sensiblement le nombre
de celles d'une ruche.

Les oiseaux sont bien autrement redoutables aux abeilles. J'ai vu, souvent
à regret, les moineaux attroupés autour
de mes ruches, et qui, sous mes yeux,
prenaient leurs mouches, et les avalaient.

[1] Si les ruches ne sont pas sur des plateaux,
mais sur le sol, on peut placer à rase terre des
vases vernisés remplis d'eau : les mulots tomberont
dedans, ne pourront en sortir et se noieront. On
fait encore usage du *pot renversé*. Ce piège consiste
à tenir un pot de jardin de moyenne grandeur,
soulevé de côté avec une noix dont on a ôté
une partie de la coquille. Ces animaux se glissent
sous le pot, rongent la noix, et sont bientôt pris
sous le pot renversé sur eux.

C'est aussi l'espèce d'oiseau qui en détruit le plus, et qui, seule, en détruit plus que toutes les autres ensemble; car, quoiqu'on ait dit contre les hirondelles, je ne crois pas qu'elles fassent de grandes captures d'abeilles. [1]

Elles ont des ennemis qui ne leur en veulent pas à elles-mêmes, et qui, cependant, sont les plus à craindre pour leurs républiques. Je veux parler de ces fausses-teignes, dont nous avons donné l'histoire, qui nous dispense de dire comment elles se conduisent pour être en sûreté, pendant qu'elles hachent les gâteaux de cire; comment elles percent de longues suites de cellules, pour se nourrir de cire, à laquelle seule elles en veulent. Quand on peut tuer de ces papillons, on ne leur doit pas faire grâce. Les abeilles ne semblent pas assez instruites de ce qu'elles en ont à craindre; elles les laissent quelquefois dans leurs ruches, sans les poursuivre. Elles paraissent ignorer que ce sont ces papillons qui donnent naissance aux fausses-teignes, qui font

[1] Les mésanges et les guêpiers font aussi la chasse aux abeilles : on les éloigne en tirant quelques coups de fusil.

tant de ravages dans leurs gâteaux. L'état où sont certaines portions des gâteaux, des toiles, des tuyaux de soie qu'on y voit, des fragments de cire hachée menu, qui sont sur le fond d'une ruche, apprennent à celui qui la visite si elle est infectée de ces fausses-teignes. Il doit, sans hésiter, couper les portions des gâteaux où elles se sont établies ; enfin, si elles ont attaqué un trop grand nombre de gâteaux, il faut faire passer les abeilles dans une autre ruche ; elles pourraient être forcées, mais trop tard, à quitter la leur. Il y a pourtant des temps où les abeilles savent faire la guerre aux fausses-teignes. Après avoir vu partir une mouche chargée d'un long corps blanc, j'ai été examiner le fardeau dont elle s'était déchargée, à dix ou douze pas de la ruche ; et j'ai quelquefois trouvé qu'il était une fausse-teigne de la plus grande espèce, et prête à se former en nymphe.

C'est aux abeilles mêmes que s'attache un petit insecte qui les suce pour se nourrir. Elles ont été accordées à une espèce de pou, qu'on ne trouve point sur les autres mouches. Les jeunes abeilles n'en ont point ; ce ne sont que les vieilles ; et les vieilles, de certaines ruches, qui sont sujettes à cette vermine. Ordinairement on n'en peut découvrir qu'un sur chaque abeille; et pour le voir, il ne faut pas beaucoup le chercher; il est rougeâtre, à peu près de la grosseur de la tête d'une très petite épingle; il se tient presque toujours sur le corselet; on n'a pas bonne idée des ruches dont la plupart des mouches ont de ces poux. Mais font-ils réellement beaucoup de mal aux mouches? c'est ce qu'on ne sait pas trop; au moins paraît-il sûr qu'il ne leur causent pas beaucoup de douleur, ni même qu'ils ne les inquiétent pas; car, quoiqu'il ne soit pas peut-être aussi aisé à la mouche de faire passer quelqu'une de ses jambes sur son corselet que sur quelqu'autre partie de son corps, et que ce soit peut-être ce qui détermine le pou à s'y placer, il est souvent dans des endroits où une jambe de la mouche peut être portée, et d'où elle pourrait le faire tomber, et où cependant il lui est permis de rester tranquille; on a néanmoins regardé ces petits insectes comme très nuisibles aux abeilles; on a enseigné les moyens de les faire périr, que je ne crois pas bien certains.

Les souris, les rats, font aussi la guerre aux abeilles; principalement en hiver, où elles sont moins éveillées, et en état de se défendre [1]. De gros crapauds se portent aussi vers le soir à l'entrée des ruches, et les avalent par douzaine [2]. Les renards mangent aussi le miel des ruches, en les renversant pendant l'hiver. Les pic-verts ou martins-pêcheurs et les poules les avalent comme des grains de blé. Les frélons, enfin, viennent les visiter en détail, principalement dans l'arrière-saison, où les fleurs manquent pour les occuper.

Le sphinx à tête de mort est le plus redoutable ennemi des abeilles. Ce papillon, dont la chenille se nourrit de la feuille des pommes de terre, paraît au mois de septembre; il est si gros et si grand que, dans l'obscurité, on le confond avec la chauve-souris. Il vole aux mêmes heures. En peu de temps il enlève tout le miel des ruches où il a pu s'introduire.

On empêchera de pénétrer le sphinx

[1] *Voir* plus haut : Mulots.

[2] Le curé Lepoutre dit, dans son ouvrage sur les abeilles, qu'il en trouva vingt dans l'estomac d'un crapaud. Il faut détruire les derniers avec un fer pointu.

dans l'intérieur des ruches, en plaçant
devant les portes de chacune des petites
plaques de tôle.

Voir 1ᵉ partie.— *Placement des ruches,*
page 44.

SEPTIÈME PARTIE.

TRAITÉ

SUR

LA CULTURE DU SAINFOIN ET DU SARRASIN.

DU SAINFOIN ET DE SA CULTURE.

Le sainfoin et le sarrasin étant l'un et l'autre favorables à l'entretien des abeilles, nous pensons qu'on nous saura gré que nous entrions dans quelques détails sur la culture de ces deux plantes. Columelle comme Lombard recommandent qu'on établisse les ruches à la proximité des terres ensemencées de sainfoin et de sarrasin.

Le sainfoin, en latin *polygala*, est une plante qui pousse des tiges longues d'environ un pied, et se couchant à terre. Ses feuilles sont semblables à celles de la vesce, vertes par-dessus, blanches et velues par-dessous, pointues, attachées par paires, sur une côte terminée par une seule feuille. Ses fleurs sont légumineuses rouges, disposées en épis longs et serrés. Sa racine est longue, médiocrement grosse, noire en dehors, blanche en dedans.

En général, le sainfoin réussit même dans les terres qu'on regarde comme arides. On le sème avec succès sur la pierraille, sur le sable et sur la craie, pourvu qu'il s'y trouve environ un demi-pied de terre, quoiqu'en général ce soit où il réussit le moins. On en a vu même croître et profiter dans des fossés creusés à plusieurs pieds dans le crayon; la graine était tombée dans le fond, entre des pierrailles de craie; les racines avaient trouvé dans les petits intervalles assez de terre pour y plonger et s'y nourrir. Le sainfoin se plaît aussi sur les montagnes; ou peut l'établir dans les collines les plus escarpées, où il ne croît aucun fourrage, pourvu que les eaux n'y séjournent pas. D'ailleurs il est de durée, il peut subsister dix ou douze années, en y donnant quelque soin. Cette plante ne craint pas la sécheresse. Tous les bestiaux recherchent ce fourrage qui leur donne de la vigueur; enfin les vaches qui en mangent donnent beaucoup de graisse. Plusieurs propriétaires, en Suisse, ont doublé et triplé leur fonds de valeur, par l'établissement des esparcetières. C'est un grand avantage que d'en mettre dans des endroits écartés, où le transport des amendements est difficile; on se trouve cependant bien d'en fortifier le fond avec de la suie; cet engrais ne charge pas beaucoup, et souffre d'autant moins de difficulté pour le transport, qu'une petite quantité est suffisante pour amender beaucoup de terrein. Le tan est encore un excellent engrais pour le sainfoin: on achette des mottes de tanneur, pulvérisées, et on les sème avec la graine de cette plante. On peut aussi acheter le tan avant qu'il soit réduit en mottes; il coûte moins alors, et on s'épargne la peine de le pulvériser.

On voit de très beaux sainfoins dans les plaines même assez sèches et pierreuses. Un tel fonds semble être si naturel au sainfoin, que celui même de Candie, qui croît auprès des torrents, se trouve constamment dans les sables que ces eaux laissent à sec; il y vient aussi sur

des côteaux arides. Le sainfoin s'accom-
mode donc de presque toutes sortes de
terres, excepté des marécageuses. Il profite beaucoup dans une terre extrêmement fine, substancieuse, et qui a beaucoup de fond. C'est une erreur de croire
que cette plante ne réussit bien que dans
le cas où elle rencontre à certaine profondeur un banc de tuf de pierre ou de
craie, qui arrête le progrès de ces racines. Plus la terre a de fond, plus les racines s'étendent, et plus cette plante
devient vigoureuse. Lors même qu'il y a
un banc de tuf ou de pierre, elle s'insinue dans ses fentes pour descendre au-
dessous.

Quoique le sainfoin ne soit point une
plante délicate, on n'est pas dispensé de
bien labourer la terre où on veut le
mettre. Comme il jette quantité de racines
immédiatement après sa germination, la
terre doit être bien meuble, et labourée le
plus profondément qu'il est possible. Le
sainfoin peut être semé en toute saison.
On le sème comme le foin, et ordinairement sur le soir, afin que la fraîcheur de
la nuit l'humecte et le dispose à lever
promptement ; au lieu que la chaleur du
jour pourrait faire crever la graine et

nuire ainsi à la germination : ces pratiques sont surtout à observer lorsqu'on en sème durant l'été.

M. France auteur d'un traité estimé sur le sainfoin, en a semé en avril avec de l'orge, en mai avec du sarrasin, en août avec du seigle : il lui a toujours réussi. Cet habile cultivateur préfère de le semer seul à la fin d'août. On y gagne, en ce que la plante, ayant joui toute seule d'une nourriture qu'elle eût été obligée de partager avec d'autres, fait des progrès très rapides, et dès le printemps suivant, elle se trouve en état de fournir une assez bonne récolte.

La bonne semence doit être nette, lourde, sèche, luisante, sonnante, et saine; la gousse doit être d'un brun foncé, grosse, grainée, et garnie d'un côté de petites pointes. Ouvrez quelques-unes de ces gousses, si le grain qu'elle contient est noir et ridé, c'est marque qu'il s'est échauffé dans le tas; s'il est blanc et ridé, c'est que la graine n'était pas mûre quand on l'a cueillie. La première espèce ne lève point du tout; la seconde produit quelquefois une plante; mais elle jaunit et périt bientôt. Le grain, pour être bon, doit être grainé et luisant; si

avec cela, il est d'un roux jaunâtre, il
ne laisse rien à désirer.

Il convient de vanner exactement la semence, lorsqu'on veut la serrer au grenier, afin d'en séparer exactement toutes
les semences étrangères. Elle doit être
déposée dans un lieu sec, et en sûreté
contre les souris, qui en sont très avides.

Comme il arrive assez souvent qu'une
partie de la semence n'est pas propre à
germer, il est à propos d'en semer d'a-
bord une petite quantité à part, afin de
l'éprouver, et de se régler ainsi sur la
quantité qu'on doit mettre dans le champ.

Quand on sème le sainfoin au mois
d'août, c'est assez ordinairement dans
des champs où l'on vient de recueillir du
seigle. La plupart de ceux qui le sèment
au commencement du printemps y mêlent du trèfle, de l'orge, de l'avoine, de
la vesce etc., comme nous l'avons dit,
pour tirer un profit de la terre, attendu
que le sainfoin est plusieurs années
avant de donner un produit bien considérable. Les plantes annuelles n'occupant
pas long-temps la terre font peu de tort
au sainfoin; mais les plantes vivaces,
comme le trèfle, lui en font sûrement
beaucoup. Dans les années sèches, il ar-

rive souvent qu'on n'aperçoit pas de sainfoin après avoir fauché l'avoine, la vesce
ou l'orge. Néanmoins, en y regardant
de près, on voit ordinairement des filets
blancs, qui indiquent que le sainfoin a
levé, mais que les feuilles qui étaient
très-menues ont été fauchées avec le trèfle. Si les grains qu'on sème avec le sainfoin sont drus, s'ils ont poussé avec vigueur, et surtout s'ils ont versé, ils étouffent ordinairement le sainfoin. Aussi le
répétons-nous, cette plante réussit toujours mieux étant semée seule.

Le sainfoin doit-être semé seul et sans
mélange, en automne, entre le 10 août et
le 10 septembre, afin que les plantes aient
le temps de se fortifier avant l'arrivée du
froid.

M. *Richard* veut qu'on sème le sainfoin de manière que les grains tombent
à la distance de deux ou trois pouces au
plus, ce qui ferait dix-huit à vingt mesures pour un arpent de trente mille
pieds, ou trois fois plus que du froment.
Nous semons le double de cette graine plus
que de froment. *Miller* prescrit de faire
de vingt à vingt pouces de distance des
sillons, dans lesquels on répandra à la
main la graine de sainfoin, dans un éloi-

gnement raisonnable; puis il la fait recouvrir de terre. L'espace des sillons sert
à remuer la terre avec un cultivateur.

Il faut semer dans un temps doux , et
dans une terre qui ne soit pas trop humide. L'excès d'humidité ferait éclater
le grain , qui alors ne saurait lever. La
graine lève ordinairement quinze jours
ou trois semaines après avoir été semée ,
mais une pluie survenue d'abord après,
l'avance de plusieurs jours; quand elle
a pris racine, et qu'elle est trop épaisse,
ou peut l'éclaircir avec un petit sarcloir,
pour donner aux autres plantes assez de
place pour s'étendre. Si le champ n'a pas
été entièrement bien nettoyé, il s'y trouvera , vers l'été , toutes sortes de mauvaises herbes, qu'il faut détruire et sarcler.

On voit cette plante subsister jusqu'à
douze ans de suite dans un champ cultivé
seulement par la méthode ordinaire ,
c'est-à-dire, absolument négligé, et dont
les sucs ne sont point renouvelés par les
labours. Alors même, le sainfoin , loin
de fatiguer la terre , engraisse si bien un
fonds peu substantieux , que sans le secours d'aucun autre amendement , ce
fonds peut produire du grain trois années de suite sans se reposer.

On ne saurait contester qu'en plusieurs lieux, la culture du sainfoin n'ait produit les plus grands avantages, surtout en ce que ce fourrage a mis en valeur des terrains ingrats, dont on ne tirait presque aucun parti ; un arpent d'un terrain médiocre, qui aura été préparé convenablement, donnera pendant sept ou huit années une récolte annuelle de vingt à vingt-cinq quintaux de foin, qui sera moins casuelle que celle des prés naturels. Dès que le sainfoin est bien enraciné, la plus excessive sécheresse ne lui nuit que faiblement : ainsi ce fourrage fournit une ressource vraiment précieuse dans les années trop sèches.

DU SARRASIN ET DE SA CULTURE.

La tige du sarrasin ou blé noir est droite, cylindrique, rameuse, lisse, charnue, rougeâtre, haute d'environ deux pieds ; les feuilles alternes, en cœur, d'un vert clair, les inférieures pétiolées, les supérieures sessiles ; les fleurs rougeâtres, réunies en bouquets, aux extrémités des rameaux. Ce sont les Maures qui ont transporté le sarrasin d'Asie en Afrique, et d'Afrique en Espagne. Son pays originaire est la Perse, où Olivier l'a trouvé dans l'état sauvage. Aujourd'hui il est généralement cultivé dans toutes les parties méridionales et moyennes de l'Europe, et le serait partout s'il ne craignait pas autant les gelées; car il offre des avantages précieux sous plusieurs rapports, dont les principaux sont l'abondance de ses graines, la rapidité de sa croissance, la propriété de réussir dans les sols les plus arides, et de servir à les améliorer, lorsqu'on l'enterre pendant sa floraison.

Il est en France des pays d'une grande étendue qui se trouveraient privés de leur plus sûr et plus abondant moyen de subsistance, si on leur enlevait le sarrasin. La farine de son grain, quoique peu susceptible de panification, n'en est pas moins très nourissante. Tous les bestiaux, toutes les volailles aiment ce grain, qui les engraisse rapidement. Non-seulement les terres sablonneuses et légères sont très convenables au sarrasin, mais encore les terres argileuses et fortes. Il n'y a que celles qui sont froides, c'est-à-dire trop humides, qui lui soient contraires. Dans un sol fertile, il pousse avec une grande vigueur, mais donne peu de graines.

Des labours multipliés sont utiles à toute espèce de culture ; mais parce que le sarrasin ne peut être regardé que comme une récolte secondaire, et qu'il faut que la dépense ne l'emporte pas sur le produit, il suffit souvent de gratter la terre, lorsqu'elle est légère ; et lorsqu'elle est forte, de donner un seul coup de charrue. Ceci s'applique particulièrement aux semis d'automne, qui n'ont, pour objet, que du fourrage, ou dont le résultat doit être enterré pour engrais.

L'important, c'est de labourer en billon les terres qui sont sujettes à retenir l'eau, et d'y pratiquer des égoûts ; cette plante, comme nous l'avons déjà observé, craignant beaucoup une surabondance d'humidité.

La graine de sarrasin demande à être semée clair, quand le but est une récolte de graine, parce que la plante se ramifie davantage, et donne plus de graine, lorsqu'elle jouit des bénéfices de la lumière et de l'air ; mais quand on a l'intention de l'enterrer en fleur, ou de la faire servir à nettoyer les champs des mauvaises herbes, chose à laquelle elle est très propre, il faut la semer épais. Il est difficile de fixer raisonnablement la quantité de semence à employer, puisque, outre ces deux cas, elle dépend encore de la nature du sol, et de l'époque des semis. Cependant on peut dire que cette quantité doit être le tiers de celle qu'on est dans l'usage d'employer pour le seigle dans le canton, et sur la même nature de terre.

C'est généralement à la volée qu'on répend la semence du sarrasin, cependant, comme il gagne beaucoup à être biné et butté, il serait possible qu'il y eût, dans certains cas, comme quand on veut une surabondance de semence, de l'avantage à le semer par rangées.

Un bon hersage et un bon roulage concourent beaucoup au succès d'un semis de sarrasin.

Lorsqu'il fait chaud, que la terre est humide, ou qu'il pleut immédiatement après le semis de sarrasin, la graine n'est que quelques jours à lever. Il ne demande plus alors aucun travail, jusqu'à l'époque de la récolte, qui a ordinairement lieu trois mois après, quelques jours moins ou plus, selon la chaleur du climat, la nature du sol, etc.

Dans les pays froids, et lorsqu'on sème le sarrasin comme récolte principale, et cela a lieu dans tous les pays où la terre est extrêmement maigre, principalement dans les pays granitiques, on le met en terre au printemps, dès qu'il n'y a plus rien à craindre des gelées ; mais dans les pays chauds, et lorsqu'on ne lui demande qu'une récolte secondaire, on le sème en été sur les terres qui ont déjà produit du seigle, du froment ou toute autre récolte. C'est principalement de cette dernière manière qu'il est à désirer qu'on le cultive, tant parce que ne produisant jamais directement de bénéfices comparables à ceux des céréales, il faut économiser plus que pour elles le terrain, le temps et le travail.

C'est ce motif si puissant, de la nécessité d'économiser, qui fait qu'on verse rarement des engrais sur les terres qu'on sème en sarrasin ; aussi, quelles chétives récoltes il offre presque partout ! Il nous a semblé dans un grand nombre de cantons, même de ceux où l'on cultive cette plante comme récolte principale, qu'on avait voulu seulement indiquer que l'intention avait été d'en mettre dans tel champ, tant il y était rare et petit. On ne peut pas appeler cela cultiver, mais bien se ruiner; car ces champs qui ne produisaient peut-être pas la semence qui avait été employée à les semer, n'avaient pas moins coûté des journées de chevaux et d'hommes pour être labourés, n'en payaient pas moins l'impôt, la rente du propriétaire, etc. Il faut donc mettre des engrais lorsque cela devient nécessaire, ou ne semer qu'après une récolte qui en a demandé beaucoup, qui a exigé des binages d'été, etc., c'est-à-dire, employer un judicieux assolement. Arthur Young, le premier, a fait des expériences pour rechercher après quelle culture le sarrasin produisait sans engrais immédiats; et il a trouvé qu'après une jachère, qu'après des pois, qu'après des raves, qu'après des pommes de terre, il fournissait davantage qu'après les céréales. L'opinion de ce célèbre agriculteur est que cette culture sera plus fructueuse que l'orge dans les terrains qui n'auraient pas été suffisamment préparés. Ainsi, il est indubitablement plus avantageux de substituer le sarrasin à l'orge, et encore plus à l'avoine, lorsqu'on veut alonger la série de la rotation de l'assolement des terres sèches légères ou fortes, ou, puisqu'on peut le semer tout l'été, lorsque des circonstances, de quelque nature qu'elles soient, ont empêché de semer ces céréales à l'époque exigible.

Le même a encore conclu de ses expériences, que le sarrasin épuise moins le sol que beaucoup d'autres plantes cultivées. Mais, comme nous l'avons observé plus haut, ce n'est pas seulement pour la graine que la culture du sarrasin est très avantageuse, c'est comme engrais; dans beaucoup de lieux même, il est principalement considéré sous ce rapport. On juge en effet, par le seul aspect de ses feuilles herbacées et charnues, de ses feuilles larges, épaisses et nombreuses, qu'il doit se nourrir plus des gaz de l'atmosphère que des sucs de la terre, et qu'il doit porter, en s'y pourrissant, dans le sol où on l'enterre, au moment où il entre en fleur, beaucoup d'humus et une humidité durable. Dans le cas où on le cultive avec cette intention, il faut le semer plus épais, afin qu'il fournisse davantage de tiges, qu'il étouffe plus complètement les mauvaises herbes, et qu'il empêche mieux l'évaporation du sol.

La plus petite grêle fait un tort irrépa-

rable au sarrasin en pleine végétation ;
ses tiges étant charnues et tendres sont
exposées à être écrasées par les hommes
et les animaux qui les foulent aux pieds.
Les chasseurs en détruisent beaucoup
en automne. Elles sont aussi renversées
ou pliées par les grands vents.

La floraison du sarrasin s'effectuant
successivement et pendant près de la
moitié de sa durée, c'est-à-dire un mois
et demi, il en résulte que les premières
graines sont mûres avant même que les
dernières soient formées.

A ce grave inconvénient, auquel il n'y
a pas moyen de remédier, se joint celui
que les graines, lorsqu'elles sont mûres,
tombent avec la plus grande facilité. Il
faut donc laisser constamment perdre
les premières et sacrifier les dernières
de ces graines. Heureusement que, malgré que souvent la moitié des fleurs
avortent, la récolte de celles qu'on peut
appeler intermédiaires est suffisante pour
satisfaire l'ambition du cultivateur, lorsqu'il fait la récolte au moment, et avec
les précautions convenables. Ces précautions consistent, 1° à choisir le point de
maturité du plus grand nombre de graines, et l'inspection du champ peut seul

le donner; 2° à ne couper et arracher les tiges que le matin, c'est-à-dire, avant que les effets de la rosée aient complètement cessé; 3° à mettre sur le champ les tiges en bottes de moyenne grosseur, et à les réunir une douzaine ensemble, les pieds sur terre, soit en les traversant d'un échalas, soit en écartant leur base en trois faisceaux; 4° en couvrant leur tête de paille, ou de bottes de sarrasin renversées, ouvertes et écartées par leur tête, de manière que les oiseaux ne puissent pas manger la graine; 5° en les laissant ainsi sur le champ jusqu'à ce que les tiges, et par conséquent les feuilles et les fruits, soient entièrement desséchés; 6° en les enlevant avec douceur pour les jeter dans une charrette garnie de toile; 7° en les déposant dans une grange, à l'abri des ravages des volailles et des rats.

Rarement on doit se dispenser de battre le sarrasin peu après son arrivée à la maison, parceque, quelque soin qu'on prenne, chaque jour de retard cause des pertes. Cette opération se fait avec le fléau, et est extrêmement prompte, la graine tenant à peine à son calice. On vanne cette graine comme le blé, mais en deux fois, c'est-à-dire qu'on rejette d'abord tous les débris des feuilles et des tiges et les graines qui ne contiennent aucune farine, et qu'ensuite on reprend le tout pour expulser ces graines qui, n'étant arrivées qu'à la moitié de leur maturité, seraient impropres à la reproduction, et ne donneraient que de la mauvaise farine. On reconnaît ces dernières, qui peuvent encore servir à la nourriture de la volaille, à leur couleur peu foncée et à leur légèreté. Rarement la bonne graine forme le tiers du tout. Cette dernière est ensuite montée au grenier, étendue sur le plancher, remuée à la pelle tous les huit jours, puis mise en sac, où elle se conserve deux ou trois ans.

La farine de sarrasin est assez blanche, et a une saveur propre qui plaît beaucoup à ceux qui y sont accoutumés. Elle n'est pas susceptible de la fermentation panaire, mais on en fait d'excellente bouillie, des galettes fort nourrissantes, etc. J'ai cru remarquer qu'elle était bien plus savoureuse dans les pays granitiques, tels que les Cévennes, le Limousin, la haute Bourgogne, la basse Bretagne, qu'ailleurs. La consommation qui s'en fait en France est considérable ; mais elle commence à diminuer depuis que la pomme de terre est connue dans les pays où on en fait usage.

Beaucoup de cultivateurs, même dans les pays riches, donnent la graine du sarrasin à leurs chevaux en place d'avoine, ou mêlée avec l'avoine, et s'en trouvent très bien ; les bœufs, les cochons et les moutons s'engraissent promptement par son usage, surtout quand elle est réduite en farine, et donnée en bouillie chaude et un peu salée. Tous les oiseaux de basse-cour la recherchent avec passion. Elle les fait pondre de bonne-heure, et les engraisse également ; on a même cru remarquer que leur graisse était plus fine, plus savoureuse que lorsqu'elle était le résultat d'une autre nourriture.

On voit, d'après ce rapide exposé, que l'emploi du grain de sarrasin ne manque pas, et que si sa production n'est pas considérable, c'est uniquement par le fait de notre ignorance des avantages des assolements variés, et du parti qu'on en peut tirer pour engrais.

La fâne du sarrasin est médiocrement du goût des bestiaux lorsqu'elle est verte.

Il paraît même qu'elle est sujette à quelques inconvéniens, pour leur nourriture
pendant sa floraison ; cependant tous la
mangent. Elle augmente la quantité et
la qualité du lait des vaches. Comme les
tiges sont presque toujours pleines de
vie, lorsqu'on fait la récolte, quelques
cultivateurs ont proposé de les couper
plutôt que de les arracher, afin que, re-
poussant, elles puissent donner un patu-
rage. Mais ils ne font pas attention que
les tiges coupées se dessèchent plus vite
que les tiges arrachées, et que, par conséquent, une moins grande quantité de
graine non encore mûre parvient à perfection, ce qui leur occasionne une perte
bien plus considérable que le profit qu'ils
peuvent retirer de leur pâturage.

On donne également la fâne sèche aux
bestiaux, soit seule, soit mêlée avec de
la paille ou du foin ; il n'y a pas d'exemples que dans ce cas elle leur ait fait du
mal. Lorsqu'elle est altérée, ce qui arrive
souvent, elle peut servir à faire de la li-
tière ou à chauffer le four.

Il est un emploi de la fâne de sarrasin que nous croyons ignoré d'une
grande partie des cultivateurs, mais qui,
serait certainement le plus produc-

ductif de tous ; c'est d'en faire de la potasse : les expériences de *Vauquelin* con-
statent qu'elle en contient de vingt à
trente pour cent.

Il existe une autre espèce de sarrasin ,
originaire de Tartarie, *poligonum tarta-*
ricum, qui diffère de celui dont il vient
d'être question par sa tige plus jaune,
ses bouquets de fleurs plus alongés, ses
semences plus petites et munies de dents
sur leurs angles. On l'a préconisé à différentes reprises , comme plus avantageux à cultiver; cependant il ne semble
pas , malgré l'enthousiasme de quelques personnes , qu'il soit fort répandu
en France. Il paraît présenter l'avantage
d'être un peu plus précoce, un peu moins
sensible aux gelées, et de donner une
plus grande quantité de graines, et pour
inconvénient, de s'égrainer plus facilement et de donner une farine plus amère.
Nous ne doutons pas, d'après les essais qui
ont été faits par des personnes qui méritent toute confiance, qu'il soit fâcheux
que sa culture ait été abandonnée, et nous
faisons des vœux pour que quelques amis
de l'agriculture l'entreprennent de nouveau.

————

HUITIÈME PARTIE.

REMARQUES ET OBSERVATIONS SUR LES ABEILLES.

Observations de F. HUBER (de Genève), etc.

M. Huber, quoique aveugle, a fait, par les yeux d'un domestique, des observations si nouvelles, dit M. Bosc, qu'elles ont changé les idées généralement reçues relativement aux abeilles sous les rapports de leurs mœurs et de l'économie rurale. M. Bosc possédant des abeilles, et ayant monté son rucher d'après la méthode qui est indiquée dans l'ouvrage de M. *Huber,* a répété la plus grande partie des expériences qui y sont consignées. Il a donc pu en parler en connaissance de cause. Pour observer les mœurs des abeilles, M. Huber emploie deux sortes de ruche. L'une est composée de douze cadres, d'un pied carré sur quinze lignes d'épaisseur : ces douzes cadres, dans chacun desquels on détermine la formation d'un gâteau de cire, se réunissent et se séparent à volonté, de sorte qu'on peut regarder ainsi qu'on le désire, les changements opérés sur chacun des gâteaux. L'autre est composée d'un seul cadre, d'un pied et demi de large, sur deux pieds de haut, et vingt lignes d'épaisseur, garni des deux côtés de glaces, qui permettent de voir, à tous les instants, ce qui se passe dans l'intérieur, sur la surface de l'unique gâteau qui s'y trouve. Les principaux résultats des observations consignées dans l'ouvrage de M. Huber, sont : 1º Que les femelles ou reines des abeilles s'accouplent seulement dans l'air une seule fois pour deux ans, et probablement pour toute leur vie ; 2º que toute reine qui ne s'est pas accouplée dans les vingt jours de sa naissance, ne peut plus pondre que des œufs de mâle ; 3º qu'il est très certain, comme l'a observé M. Schirach, que les ouvrières ou mulets, ou neutres d'une ruche, qui ont perdu leur femelle, peuvent s'en procurer une nouvelle en agrandissant l'alvéole où se trouve une larve d'ouvrières, et en nourrissant plus abondamment cette larve, c'est-à-dire, en lui donnant de la *bouillie royale*, et que, si la larve choisie a plus de trois jours, la femelle qui en proviendra ne pourra pondre que des œufs de mâle ; 4° qu'il y a quelquefois dans les ruches de petites reines, ou mieux, des ouvrières fécondes, ainsi que l'avait déjà vu M. Riem, mais qu'elles pondent seulement des œufs de mâles ; de plus, que ces ouvrières fécondes viennent ordinairement des larves qui se trouvaient dans le voisinage des alvéoles des reines, et qui ont profité de la bouillie royale ; 5° que s'il n'y a jamais qu'une seule femelle dans chaque ruche, malgré le nombre de celles qui y naissent, c'est que celles qui sont adultes se battent jusqu'à ce que l'une ait tué toutes les autres ; les ouvrières ne s'opposant à leurs combats qu'à l'époque des essaims ; 6° que les reines ne pondent jamais des œufs d'ouvrières dans les alvéoles destinées aux œufs de mâles ; ni des œufs de mâles dans les loges destinées aux ouvrières ou aux femelles ; 7° que c'est toujours la vieille reine qui sort avec le premier essaim ; qu'il arrive quelquefois qu'il y ait plusieurs femelles dans les autres essaims, mais qu'alors elles se battent à outrance ; 8° que lorsque c'est une jeune reine qui accompagne un essaim, elle est toujours vierge ; 9° que les femelles ne peuvent commencer leur grande ponte de mâles, que lorsqu'elles ont acquis onze mois d'âge ; 10° qu'il y a lieu de croire que la sortie des seconds essaims est produite par la jalousie que les reines ont les unes pour les autres et par l'inquiétude que cause à celle qui est adulte celles qui sont encore dans les alvéoles, et que les ouvrières empêchent de tuer. La sortie du premier essaim ne peut s'expliquer de même, parceque la reine conserve la faculté de tuer sa progéniture en femelles, ce qu'elle exécute seulement lorsque la population est trop faible pour essaimer. La principale considération qui résulte de ces expériences, c'est que les ouvrières sont des femelles dont les organes reproductifs ont été oblitérés par l'état de gêne de leurs larves dans les petites alvéoles, et par la nourriture peu succulente qu'on leur donne. Les conséquences que M. Bosc a tirées, pour la pratique, de la méthode de M. Huber, sont, que les ruches composées de plusieurs portions réunies perpendiculairement, sont plus avantageuses, parcequ'elles permettent de faire des essaims artificiels, avant l'époque des naturels, de récolter le miel plus facilement, et de forcer à volonté la production en cire. « Ma ruche, ajoute M. Bosc, ne diffère, au reste, de celle de l'observateur que parce qu'elle est composée de deux feuillets seulement; et de celle de M. Gélieu, que parcequ'elle n'est point partagée par un diaphragme; M. Féburier, en rendant oblique le sommet de la sienne, y a ajouté un degré de perfection de plus. » (*Bulletin de pharmacie*, 1814, t. 4, p. 455.)

Pour la nourriture des abeilles indigentes, M. Lombard propose de faire dissoudre une partie de miel commun dans une partie de vin nouveau, de cidre ou de poiré; ou bien de prendre de la mélasse et une partie de sel, et d'y ajouter deux parties de farine de blé ou de maïs. On fait bouillir doucement ce dernier mélange, jusqu'à consistance de bouillie épaisse, puis on le donne aux mouches, après l'avoir laissé réfroidir. Quelquefois on peut se borner à leur donner de la farine de maïs, pétrie avec du miel. (*Bibl. des prop. rur.*, t, 3, p. 28).

— Dans un examen relatif au produit des ruches, M. Beaunier fait observer que le propriétaire habitué à faire brûler les mouches pour enlever leur miel, n'aura de dix ruches, au bout de dix ans, que quatre cent quatre-vingt livres pesant de miel, vingt-quatre livres de cire, et vingt-six nouvelles ruches. Tandis que celui qui conservera la vie aux insectes, aura au bout du même temps, mille sept cents livres de miel, soixante livres de cire et quatre-vingt ruches. Cette observation, fondée sur l'expérience, est bien propre à déterminer en faveur du dernier moyen, qui, depuis quelques années, est heureusement adopté par tous les bons agriculteurs; lesquels laissent à l'impéritie le barbare usage de détruire, sans nécessité, les essaims. (*Traité pratique de l'éducation des abeilles.*)

— Depuis qu'on a renoncé au brûlement des abeilles, on s'est beaucoup occupé de la recherche du meilleur moyen de transvaser ces insectes, c'est-à-dire, de les faire passer d'une ruche pleine, dans une vide. Pour arriver à cette fin, M. Lombard pense qu'il faut placer la ruche vide sous l'autre et non dessus, comme on le pratique souvent. La raison sur laquelle il appuie sa méthode, c'est que les abeilles travaillent toujours du haut en bas. Mais il est nécessaire de luter les deux ruches l'une sur l'autre, afin que, n'ayant qu'une issue, les mouches soient contraintes de traverser la nouvelle, et de s'accoutumer ainsi à la considérer comme une partie de leur habitation. Par ce moyen, on se procure aisément les provisions de l'ancienne ruche, et les abeilles s'établissent facilement dans la nouvelle, qu'elles ont déjà traversée pour entrer et sortir. Le couvain qui peut être dans la vieille ruche quand on le retire, c'est-à-dire, quand on est assuré que les mouches sont acclimatées dans la nouvelle, n'a rien à risquer, puisqu'il est certain que les ouvrières s'en soucient fort peu, lorsqu'il n'a plus besoin d'elles. Si les ruches, trop pleines d'abeilles, n'ont pas encore donné d'essaim, on doit mettre les neuves sur les vieilles. Il est alors remarquable que les mouches qui étaient obligées de le tirer en dehors, rentrent aussitôt. (*Journ. d'écon. rur. et domest.*, t. 12, p. 44.)

Pour réunir à la faculté du transvasement la sécurité des personnes qui s'en occupent, et qui peuvent quelquefois être piquées, M. Mayeur propose de préférer au procédé que nous venons d'indiquer celui d'endormir les abeilles. A cet effet, dit-il, on prend gros comme un œuf, d'un champignon nommé *lyco-perdon stellatum* (vesse de loup étoilée). On l'allume et on l'introduit à l'entrée de la ruche, il suffit qu'un peu de fumée y pénètre pour que les mouches tombent comme mortes ; elles restent en cet état environ quinze minutes, pendant lesquelles on fait de l'essaim ce qu'on veut, sans qu'il y ait lieu de craindre d'être piqué. Ce moyen ne fait aucun tort aux abeilles, ni au couvain. Le *lycoperdon stellatum* est indigène et croît dans les bois sablonneux. Son enveloppe extérieure est une membrane épaisse et coriace, qui se fend en plusieurs parties, ouvertes en étoile. L'intérieur est un globule sphérique qui laisse échapper une poussière très fine. Cette plante étant évidemment vénéneuse, il faut la faire sécher pour s'en servir. (*Annal. de l'agr. française*, février 1811)

—Un troisième moyen a été proposé par cet observateur à la classe des sciences physiques et mathématiques de l'institut. Il consiste à faire usage de ruches qui puissent se découvrir. Or, au moment de l'opération, on les porte sur une lunette garnie d'une toile métallique, sous laquelle on fait de la fumée, et l'on place sur l'ouverture supérieure une ruche vide, où la fumée contraint bientôt les abeilles de monter. (*Mém. de l'inst.*, 1813; — *Annal. des trav. des sciences phys. et mathém.*)

Nouvelles Observations de F. Huber (de Genève), etc., etc.

Cet observateur a fait paraître une seconde édition de son ouvrage sur les abeilles; il avait chargé son fils, jeune naturaliste distingué, de reviser les expériences consignées dans la première. Le second volume, dont M. Bosc a donné une analyse succinte, est entièrement neuf. Tous les observateurs, dit ce dernier, même Réaumur, avaient assuré que les abeilles faisaient sortir de leur bouche la cire qu'elles mettent en œuvre; mais un cultivateur de la Lusace reconnut, en 1768, que c'est réellement d'entre les derniers anneaux de leur ventre qu'elle flue; MM. Huber et Hunter confirmèrent en 1792 et 1793, que ce cultivateur avait bien vu.

Le premier chapitre du volume analysé par M. Bosc, est consacré à démontrer que la cire ne sort pas du corps des abeilles par une ouverture particulière, mais qu'elle transsude de la membrane qui unit les anneaux, et se dépose dans les loges, ainsi qu'à prouver qu'il y a une différence physique et une différence chimique entre la cire prise sous les anneaux, et la cire travaillée, puisque la première est cassante, transparente, et qu'elle se dissout plus rapidement dans l'essence de térébenthine, et plus difficilement dans l'éther, que la cire travaillée.

Jusqu'à ces derniers temps, on a généralement cru que la cire était formée dans l'estomac des abeilles avec le pollen qu'elles ramassent sur les fleurs ; mais M. Huber, voulant compléter par quelques expérience ce que l'observation avait refusé de lui faire connaître, sur l'organe qui forme et transsude la cire, renferma un essaim dans une ruche ; il l'y nourrit de miel, et ensuite de sucre, le changea jusqu'à cinq fois de ruche, en le tenant renfermé et le nourrissant de même : toujours les abeilles firent de la cire ; enfermées de même avec du pollen , elles n'en firent pas : il est donc certain que la cire est faite avec le miel. M. Huber fils, avait déjà publié séparément le résultat de ces expériences, que M. Bosc a répétées à Versailles ; mais il se trouve, dans le second chapitre du volume dont il s'agit ici, un fait nouveau que l'on ne doit pas laisser ignorer.

Il y a dans chaque ruche deux sortes d'ouvrières, chargées de concourir exclusivement à des opérations distinctes ; les unes, dont le ventre est susceptible de se gonfler dans la proportion du miel qu'elles mangent, sont chargées de le récolter et de le transformer en cire ; les autres, dont le ventre ne jouit pas de cette faculté, sont constamment occupées de la nourriture et du soin des larves ; et si elles font de la cire, ce qui a lieu rarement, c'est en très petite quantité. Lorsque les rayons remplissent la ruche, les premières de ces abeilles dégorgent tout le miel de leur récolte, aussitôt leur arrivée, dans les alvéoles qui lui sont destinés : dans le cas contraire, elles le gardent dans leur estomac, et au bout de vingt-quatre heures, la cire suinte entre leurs anneaux.

Ce même chapitre est terminé par l'exposé de quelques nouvelles expériences qui confirment que les larves des abeilles ne peuvent être nourries sans pollen, d'autre chose que du miel; chose que M. Huber n'a pas pu reconnaître.

Les troisième, quatrième et cinquième chapitres sont destinés à des recherches sur l'architecture des abeilles; mais les opérations de ces insectes sont si multipliées à cet égard, que M. Bosc pense qu'il serait trop long de les détailler dans un extrait. Dans le sixième chapitre, M. Huber parle du perfectionnement et de la consolidation des alvéoles. Il a reconnu, ce qu'on ne savait pas avant lui, que les abeilles y emploient la propolis, pour enduire les parois ou remparts qui défendent leur cité. C'est la propolis, dont les alvéoles sont en parties bordées, qui colore la cire en jaune; M. Huber cite une expérience dans laquelle les abeilles ont employé pour propolis la résine liquide du peuplier, et il en conclut que c'est le peuplier qui la fournit. Mais M. Bosc remarque qu'il est des pays très peuplés d'abeilles où il n'y a pas de peupliers, et qu'un mémoire imprimé dans le recueil de l'académie de Turin prouve que ces insectes récoltent la pro-

polis sur les fleurs de la famille des chi-
coracées.

M. Huber, dit, dans le septième chapitre, que le sphinx-atropos, vulgairement appelé *Tête-de-mort*, péuètre quelquefois dans les ruches à porte trop
grande, s'y gorge de miel, et que les
abeilles ont l'habileté de s'opposer à ses
visites, en rétrécissant cette porte avec
de la cire. Il s'étonne que les abeilles se
laissent ainsi piller par un animal sans
défense ; mais M. Bosc fait observer que
lorsque le sphinx entre dans la ruche, il
doit épouvanter assez les abeilles pour
leur faire craindre la perte de leur femelle, et pour les mettre dans cet état
qu'il a appelé de *bruissement*, état pendant lequel elles ne piquent plus, et se
contentent de cacher leur femelles sous
la réunion de leur corps. Des expériences
nombreuses, consignées dans le huitième
chapitre, prouvent, 1° que les abeilles
périssent dans le vide de la machine
pneumatique, et dans les gaz délétères,
mais qu'elles résistent plus long-temps
à ce vide et à ces gaz que les autres animaux ; 2° que, lorsqu'elles sont renfermées dans une ruche exactement close,
elles ne tardent pas à tomber en asphyxie ;

3° qu'elles renouvellent l'air dans leurs ruches en l'agitant avec leurs ailes; les sens des abeilles, et surtout celui de l'odorat, sont l'objet du neuvième chapitre.

La vue de ces insectes doit être excellente, puisqu'ils retrouvent leurs ruches sans se tromper. Leur toucher est plus admirable encore, car c'est par son moyen qu'ils font tous leurs travaux dans l'intérieur de la ruche: les antennes en sont les organes; cela est indubitable pour M. Huber.

Le goût des abeilles paraît obtus, d'après l'observation qu'elles ne recherchent pas exclusivement le meilleur miel sur les plantes. Leur odorat est très perfectionné, car elles savent trouver le miel le plus caché, et l'aller chercher au loin.

Mais quel est le siége de l'odorat dans ces insectes? M. Huber ayant approché un pinceau chargé d'essence de térébenthine, de toutes les parties du corps d'une abeille, remarqua qu'elle ne fut sensible à son odeur que lorsque le pinceau se trouva près de sa trompe. Il soupçonna donc que le sens de l'odorat des abeilles est dans leur bouche. Pour s'en convaincre, il ferma la bouche de plusieurs d'entre elles avec de la colle de farine, et elles ne furent plus sensibles à l'odeur de l'essence.

Ces résultats ne sont pas d'accord avec l'opinion de M. Duméril, qui regarde les stigmates comme le lieu du sens de l'odorat dans les insectes.

M. Huber confirme que cet organe supplée à la vue par le toucher. Une femelle, séparée de sa peuplade par un grillage, était toujours reconnue lorsque ses antennes et celles des ouvrières pouvaient passer à travers le grillage, et était inconnue dans le cas contraire. Une femelle ou une ouvrière dont une des antennes était coupée, ne pouvait agir comme à l'ordinaire. Si on les coupait toutes deux, cette femelle ou cette ouvrière ne remplissait plus de fonctions, et était forcée d'abandonner la ruche.

Enfin, le onzième chapitre, qui est très curieux, contient des espériences qui confirment la faculté qu'ont les abeilles, de transformer en femelle une larve d'ouvrières, lorsque cette larve n'a pas plus de trois jours d'existence. (*Bulletin de pharmacie*, 1814, t. 6, p. 458.)

— Il résulte des observations faites par M. Latreille que les abeilles sociales des deux continents ont des caractères qui leur sont propres, et qui ne permettent pas de confondre celles de l'ancien continent avec celles du nouveau.

Cette remarque est digne de fixer toute l'attention des naturalistes, qu'elle peut conduire à de nouvelles connaissances sur les variétés que le climat apporte dans l'organisation des êtres animés. (*Annales du Muséum d'histoire naturelle an* xiii.)

— M. de la Billardière, naturaliste, a observé un fait remarquable sur l'instinct des abeilles dites *bourdons*, qui font leur nid sous le gazon, dans les pierres, etc. Il a trouvé, sur la fin de l'automne, dans un nid de l'espèce appelée *apis silvarum* par Kirby, une vieille femelle et une ouvrière dont les ailes avaient été collées avec de la cire brune et compacte, de manière à les empêcher de voler.

Il pense que c'était une précaution prise par les autres bourdons, pour contraindre ces deux individus à rester dans le nid, et à y soigner les larves qui devaient renouveler, l'année d'après, la population de la colonie. (*Mémoire de l'Institut*, 1813, *Annal. des trav. de la clas. des scienc. phys, et mathém.*)

—Un examen scrupuleux a prouvé à M. Savigny, membre de l'Institut d'Égypte, que les insectes du genre des abeilles joignent à des mâchoires évidemment reconnaissables pour telles, une trompe formée par le prolongement de leur lèvre inférieure. On avait cru que l'ouverture du pharynx était située au-dessous de cette trompe ou de cette lèvre, tandis que dans les masticateurs ordinaires, elle l'est au-dessus; mais c'était une erreur. Le pharynx est toujours sur la base de la trompe, et il est même garni de parties intéressantes à connaître, et dont M. Savigny donne une description détaillée dans son mémoire destiné au grand ouvrage sur l'Égypte. (*Mém. de l'inst.*, 1814, *annal. des trav. de la cl. des sciences phys. et math.*)

— M. Antoine Humel, propriétaire à Laybach, dans le duché de Carniole, a fait

des observations très curieuses sur la fé-
condation de la mère abeille. La nuit
du 23 juin..., il avait vu un essaim ; le
lendemain il remarqua que les abeilles
prenaient l'air, et que la reine, après s'ê-
tre égayée avec les autres sur le plateau,
près de l'ouverture de la ruche, s'envola ;
la famille en parut très inquiète ; une
demi-heure après, la reine reparut, ayant
la partie postérieure de son corps blanche ; les abeilles la suivirent avec empressement dans la ruche.

Le 5 juillet, M. Humel eut un nouvel
essaim ; mais la reine ne parut hors de
la ruche que trois jours après ; elle vola
quelque temps autour de la ruche, comme
pour la reconnaître, prit son essor, revint quelque temps après, mais sans
changement sur son corps. Le 10, elle
sortit de nouveau ; environ une demi-
heure après, elle revint faible, traînant
les ailes, et avec le train de derrière blan-
chi ; toutes les abeilles battirent des ailes
en signe de joie.

— M. Forlani, pasteur du chapitre des
filles nobles de Vinckendorf, économe
expérimenté, assure avoir vu la même
chose plus de quarante fois en vingt-deux
ans ; il a remarqué que les essaims tar-

difs n'entraient jamais dans la ruche, que
la reine ne fût fécondée. Souvent on voit
tomber des pelotons de bourdons qui fé-
condent la mère; celle-ci est attachée à
l'un d'eux, comme on le remarque chez
les papillons. M. Hovac, naturaliste,
atteste les mêmes faits. La Carniole nourrit une quantité prodigieuse de ces insectes; tous les habitants, consultés par
M. Forlani, lui ont assuré qu'ils avaient
souvent été les témoins des mêmes évé-
nements; et que c'était un bon signe
quand la reine sortait de bonne heure
pour être fécondée. Dès qu'elle l'est, elle
ne se montre plus, au lieu qu'avant de
l'être, elle sort souvent jusqu'à trois
fois.

—M. Mamiot, de Seures en Bourgogne,
a observé, sous un orme peu élevé, dont
les feuilles commençaient à pointer, une
grande quantité d'abeilles qui lui paru-
rent fureter et travailler assez vivement;
il en fut d'autant plus surpris, qu'il fe-
sait encore assez froid; mais il aperçut
bientôt leur ruche peu éloignée. Cette observation, avec celle qu'il a faite sur un
saule nain, lui a fait croire que les abeilles cherchent sur ces arbres, et sans
doute sur quelques autres, la propolis

dont elles enduisent leurs ruches, pour y attacher les gâteaux ; car il ne croit pas qu'elles y trouvent ni miel, ni cire. Ces arbres, et surtout l'orme, contiennent un suc très gluant et très gommeux ; de sorte que, si l'on prend de ses jeunes branches, qu'on en ôte la première écorce brune, qu'on prenne celle qui suit, jusqu'au bois, qu'on le broie, on en tire un suc glaireux, comme celui du blanc d'œuf, et qui se mousse. On prétend que ce suc est très bon pour la brûlure. On a aussi observé, par rapport au saule nain, que quand sa fleur est à une certaine maturité, en l'écrasant entre les doigts, on s'aperçoit d'un gluten.

— Un propriétaire d'abeilles, M. Biège, faisant bâtir une partie de son château à *Lileau*, à une lieue de Sainte-Hermine, a imaginé de faire pratiquer, dans un mur très étendu et élevé à proportion, plusieurs loges propres à contenir des essaims d'abeilles. Ces loges, au nombre d'environ soixante, offrent en dehors une petite ouverture pour l'entrée et la sortie des abeilles, et sont fermées en dedans par une grande pierre de taille que l'on assujettit, et que l'on ôte quand on veut, dans la saison convenable, pour enlever le produit du travail de ces utiles et ingénieuses ouvrières.

Les souris, les insectes ne sauraient pénétrer dans ces loges, toutes faites dans l'épaisseur du mur et sans saillie; d'ailleurs, elles n'ont pas l'inconvénient auquel peuvent être exposées les ruches ordinaires, placées dans des cours ou jardins, soit qu'elles soient en maçonnerie, soit qu'elles soient construites en bois, qui peuvent être dérangées par un coup de vent, et tout autre accident, et dans lesquelles l'eau peut quelquefois filtrer sans qu'on s'en aperçoive, et faire perdre ainsi une récolte, et souvent faire périr les abeilles. La méthode de M. Biège paraît sûrement très ingénieuse; on pourrait l'imiter; ces loges seraient plus utiles que celles que l'on fait dans d'autres endroits pour y attirer des moineaux, à moins que ce ne soit afin de les détruire; enfin, M. Biège a retiré du produit de ses ruches tous les frais de la construction de son mur.

— M. Ch. Withwortk nous a donné la description d'une nouvelle ruche pyramidale de son invention; cette ruche se place sur un plateau posé sur un pilier planté dans la terre, et d'une force

suffisante pour soutenir le poids du plateau et de la ruche. Ce pilier est enfoncé
de manière que les plus grands vents
ne peuvent le renverser. Sa partie supérieure n'est élevée que d'environ deux
pieds au-dessus du niveau du terrain.

Le plateau dont on vient de parler a
deux pieds en carré, ce qui se mesure
par la diagonale, et deux pouces d'épaisseur; sous ledit plateau, et dans son
milieu, est une excavation carrée, pour
recevoir le faîte du pilier dont on a parlé.

Le plateau est fixé solidement sur le
pilier avec des chevilles de bois, ou avec
des clous, ou des coins entre le pilier
considéré comme un tenon, et l'excavation carrée, comme une mortaise. On
observe, en passant, que la façon de placer les ruches sur des plateaux isolés
ne contribue pas peu à les garantir d'une
partie des insectes qui font la guerre aux
abeilles; elle est même préférable à celle
dont on fait usage dans les ruchers ordinaires, où les ruches sont rangées fort
près les unes des autres sur des tablettes
ou rayons, ou posées sur de petites tables à quatre pieds.

On met sur le plateau une ruche de
bois, octogone, ayant un pied huit pou-

ces de diamètre, et dix pouces de haut, avec quatre fenêtres fermées par des glaces, et recouvertes de petits contrevents que l'on peut ouvrir ou fermer selon le désir que l'on aurait d'examiner le travail des abeilles.

Ces quatre fenêtres répondent aux quatre coins du plateau, et laissent entre elles un espace plein, où sont appliquées extérieurement des mains de cuivre, pour enlever la ruche au besoin. Au lieu de la couverture de cette ruche hexagone, est un trou carré, qui s'ouvre et se referme par le moyen d'une coulisse de bois d'environ quatre pouces de large, qui est reçue dans deux rainures pratiquées dans l'épaisseur même du couvercle de ladite ruche hexagone. Ce trou carré sert de passage aux abeilles ; quand ces insectes veulent passer de la ruche de bois dans celle de paille, qui est dessus. Cela arrive quand ils veulent jeter ou donner un essaim. Au moyen de la ruche que l'on décrit, on conserve ce dernier et la vie des abeilles, quand on veut les châtrer.

Au-dessus de la ruche hexagone est une ruche de paille, de forme circulaire, et un peu plus aplatie dans le haut que les ruches construites avec cette matière. La ruche de paille a une ouverture carrée dans sa partie supérieure, que l'on ouvre et referme avec une coulisse, comme celle qui forme la communication en cette ruche et celle de dessous. C'est par ce trou carré que les abeilles passent de la ruche de paille dans une troisième ruche, qui est de verre, et dont on va parler.

Sur la ruche de paille est fixée une ruche de verre, dont la forme est à peu-près sphérique; elle a une petite ouverture dans le haut, où est placée une main ou grand anneau de cuivre, pour le remuer quand il s'agit de cueillir le miel.

Cette ruche de verre a dix pouces et demi de haut, et huit pouces et demi de diamètre vers sa base. On voit, dans sa capacité, un morceau de bois arrondi comme un petit cylindre, ayant un pouce de diamètre, lequel est placé dans une situation perpendiculaire, et directement sous la main de cuivre, et qui y est même fixé. Le morceau de bois est traversé dans son milieu par un second morceau de bois de même forme, qui doit être parfaitement horizontal, et toucher, pour ainsi dire, les parois de la ruche. L'objet de ces bâtons est de soutenir les rayons de miel, et d'empêcher qu'ils ne s'affaissent par leur propre poids, ou qu'ils ne se brisent par un coup donné maladroitement à la ruche.

La coulisse ou soupape, pratiquée dans la partie supérieure de la ruche de paille, sera de cuivre ou d'étain, et aura onze pouces de long, sur quatre de large. La coulisse de bois qui ferme la ruche hexagone, aura dix pouces de long, quatre pouces de large, et neuf d'épaisseur.

Lorsque la ruche est sur le point d'essaimer ou jeter, on tire une de ces coulisses, pour donner passage au nouvel essaim dans la ruche supérieure; avantage dont il profite sur-le-champ, sans fuir de la première ruche, comme cela arrive toujours. Lorsqu'on s'aperçoit que le vieil et le nouvel essaim sont tranquilles chacun dans leur ruche, on ferme la communication, en poussant la coulisse dans sa première place.

On doit laisser au bas de chaque ruche une petite ouverture de trois pouces de long, et de trois lignes de large, par laquelle les abeilles entreront dans leurs nouvelles demeures.

— M. Coste, pharmacien à Meaux, expose un moyen de fixer les abeilles dans une nouvelle ruche; il s'est imaginé que, pour jouir d'un essaim, un ballon a électricité, ouvert des deux bouts, remplirait ses vues : on adapterait à ce ballon, des deux côtés, ou à l'un deux, autant d'alonges qu'on le désirerait; on fermerait les interstices latéraux avec un lut de terre glaise, détrempée avec de l'eau, ou fait avec la poudre de cette terre battue en quantité convenable, avec de l'huile de lin, ou de noix, ou d'olive; alors l'eau de la pluie ne détremperait pas. Ce lut peu coûteux servirait bien des années, en l'enveloppant d'une vessie, lorsqu'on n'en aurait plus besoin. On éloignerait ou rapprocherait les ruches à volonté, par le moyen des alonges; on trouverait ces alonges toutes faites chez les verriers.

On attacherait au haut de la ruche vuide et sur le côté, une fiole de verre renversée sans dessus dessous, qu'on boucherait avec un gros linge lié autour du col. Le miel, fermentant par la chaleur, attirerait par son odeur les abeilles; le linge, toujours empreint de miel, les amuserait et les accoutumerait insensiblement à la demeure ; cette bouteille pourrait être enlevée ; le *foramen* en serait fermé par le même lut gras, qu'on pourrait rendre dessiccatif en y ajoutant un peu de litarge, environ quatre onces sur une livre.

Ces alonges et le ballon de verre éclaireraient le philomélisse sur les démarches des abeilles, et de leur prochaine fixation. Ces volatiles ne croiraient-elles pas se sauver dans l'air ? et une fois sorties dans le ballon, on les forcerait d'enfiler la ruche, en bouchant avec du lut la première alonge. Ces procédés accessoires, seront aisément devinés par les personnes qui s'en occupent.

EXTRAIT

D'un Cours gratuit sur l'Éducation, la Multiplication et la Conservation des Abeilles, fait en 1820, d'après l'autorisation de S. E. le Ministre de l'intérieur, par M. LOMBARD.

Voici comme Lombard s'exprime : « Le temps variable qui a régné pendant le printemps a été cause que, dans bien des contrées, il n'y a presque point eu d'essaims; dans les environs de Paris, plus de la moitié des mères ruches n'ont point essaimé; celles qui ont donné un premier essaim en ont jeté deux, trois, et même quatre; fausse prospérité; il n'y a que le premier et le deuxième au plus qui peuvent amasser des provisions suffisantes pour passer la mauvaise saison, dans les cantons ou il n'y a ni brandes, ni bruyères, ni sarrasin.

» On m'a demandé, de divers côtés, d'où provenaient le manque d'essaims d'une part, et cette pluralité de l'autre. J'ai répondu que j'en donnerais les causes dans mon ouvrage; et comme il y a des choses qu'on ne peut trop répéter, et que j'en tire ci-après des conséquences importantes, voici comme je m'explique au n° 26 de mon Manuel.

» Nous avons dit que la reine, après la ponte d'œufs des mâles, pouvait voler avec facilité, ce qui a communément lieu, dans notre climat, en mai et juin; les reines doivent alors partir avec le premier essaim, *si le temps le permet*.

» Pour la sortie des essaims, il faut qu'il y ait du miel dans les fleurs, que le temps soit chaud et le soleil brillant. Si le temps ne leur permet pas de sortir, la reine détruit successivement toutes ou presque toutes les jeunes reines à coups d'aiguillon, au défaut de la coque incomplète qu'elles ont filée dans les alvéoles qui les contiennent; alors on a peu ou point d'essaims. Les abeilles ouvrières sont tranquilles spectatrices de cette destruction, parce qu'elles laissent les reines fécondes libres dans leurs actions; *mais on peut s'opposer à cette destruction en faisant des essaims artificiels.*

» Si le temps est propre au départ des essaims, l'horreur que les jeunes reines, même au berceau, inspirent à la reine mère la force de fuir, entraînant avec elle un grand nombre d'abeilles, ce qui forme le premier essaim : voilà comment cela s'opère.

» Le nombre des cellules royales dispersées dans la ruche (15 à 25) inspire à la reine une terreur qu'elle ne peut surmonter. Tout à coup son agitation devient terrible, elle court des unes aux autres pour détruire les jeunes reines qu'elles renferment. Son impatience ne répondant point à ses désirs, agitant ses ailes, heurtant les ouvrières, elle leur communique son délire, tout se met en mouvement, et la chaleur de la ruche, qui est communément de vingt-sept à vingt-neuf degrés, monte à trente-deux. Ne pouvant supporter cette chaleur subite, les abeilles, les faux bourdons et la reine se précipitent hors de la ruche. C'est ainsi que se forme le premier essaim de chaque ruche.

» Le premier essaim parti, l'ordre de la ruche change ; la première reine qui sort de sa cellule est celle de la ruche ; les ouvrières entourent les autres cellules royales, et en font une garde sévère. D'un côté, elles retiennent les jeunes reines captives dans leur alvéoles, et les y nourrissent, et de l'autre, n'ayant encore aucune affection pour la reine encore vierge, lorsqu'elle veut approcher des cellules royales, elles la chassent, la mordent, la tiraillent, au point que ne pouvant tenir à l'horreur que lui inspirent les cellules royales, elle s'agite, court de tous côtés, communique son mouvement aux abeilles ; la chaleur monte à trente-deux degrés ; pour s'en délivrer, les abeilles et les jeunes reines désertent la ruche. C'est ainsi que se forme les deuxième, troisième et quatrième essaims ; et lorsqu'il n'y a plus assez d'abeilles pour garder les cellules royales qui restent, la première reine qui sort de son alvéole détruit les autres, et il n'y a plus d'essaims.

» Lors de l'espèce de désordre qui accompagne le départ des deuxièmes, troisième et quatrième essaims, il arrive que de jeunes reines s'échappent de leurs cellules, ce qui est cause qu'on en voit plusieurs dans ces essaims, sans que l'on induise qu'il peut y avoir plusieurs reines libres en même temps dans une ruche. Lorsque l'essaim est logé, ces jeunes reines se battent entr'elles, jusqu'à ce qu'il n'en reste qu'une, les ouvrières ne se mêlent jamais de ces combats.

» Communément, les jeunes reines sortent dès le lendemain de leur établissement, pour aller à la rencontre du mâle, et pondre quarante-six heures après.

» C'est d'après ces vérités que j'ai dit qu'il était important de prévenir la destruction des jeunes reines par leur mère. Afin de parvenir à ce but, j'ai employé deux moyens :

» Le premier, d'enlever des ruches les reines mères, avant qu'elles aient détruit les jeunes reines.

» Le deuxième, d'enlever les jeunes reines, avant que la reine mère ne les détruise.

» Ces deux moyens consistent à faire des essaims dès le mois d'avril, ce que l'on peut continuer dans les deux mois suivants.

» J'ai deux espèces de ruches, savoir : une en deux parties ; le corps de la ruche de treize à quatorze pouces de haut, sur un pied dans œuvre, avec son plancher et son couvercle de quatre à cinq pouces de profondeur, et une autre ruche dont le corps, qui a quatorze pouces de haut, est divisé en deux parties égales, ayant chacune leurs planchers et le couvercle.

» (*Premier moyen.*) Dans notre climat du centre, du 10 au 20 avril, plus tôt au midi, plus tard au nord, on peut enlever la reine de sa ruche, dès qu'elle a fini sa ponte de mâle ou qu'elle est avancée, ce dont on est assuré quand on voit dès le matin les ouvrières jeter dehors les nymphes avortées de faux bourdons ; il est certain qu'alors les jeunes reines n'ont pas encore été détruites par leur mère ; pour cela je déplace successivement des mères ruches que je mets derrière leurs places habituelles sur un tabouret à dessus ouvert, sous lequel est une poêledonnant de la fumée de linge.

» Aux places où étaient ces mères, je mets des ruches vides pour recevoir les abeilles revenant des champs ; j'enlève le couvercle des mères, que je pose sur ces ruches vides.

» Les mères ruches découvertes, je mets dessus des ruches vides sans plancher, afin de voir arriver les abeilles, que la fumée chasse des mères-ruches ; ces abeilles sont sans colère, ne volent point, se groupent contre les parois intérieures des ruches vides ; on peut les regarder à visage découvert ; on tâche de voir la reine, on la cherche dans les groupes avec un scion garni d'un léger feuillage. Au cours de cette année, un jeune homme voyant une reine, l'a prise par les ailes, et, élevant sa main, l'a montrée à la foule qui nous entourait ; il l'a remise, et nous avons séparé les deux ruches, ce qui n'a causé aucun accident.

» Aux essaims que nous avons fait ainsi en 1818, je crus m'apercevoir que les abeilles de ces essaims désertaient pour retourner à leur première place.

33

» En 1819, pour remédier à cet inconvénient, j'ai mis ces essaims pendant vingt-quatre heures, dans une pièce obscure, croyant, par là, les attacher à leur nouvelle ruche, mais les abeilles de ces ruches, remises au rucher, restaient dans une inaction complète pendant plusieurs jours.

» Au cours de cette année 1820, nous avons mis les essaims aux places des mères d'où nous les avions retirés; sur chacun nous avons posé des ruches garnies de leurs planchers et surmontées de leurs couvercles, les abeilles y sont aussitôt montées ; nous avons retiré les ruches vides, et les essaims, grossis par les abeilles, accoutumées aux places, ont été aussitôt en pleine activité.

» Les mères ruches , mises dans le rucher à une petite distance de leur ancienne place, ayant du couvain de jeunes reines, n'ont donné aucun signe de désordre.

» Je ne me dissimule pas les objections qu'on peut me faire sur ces sortes d'essaims. Ces essaims, me dira-t-on, ne réussissent qu'autant que la reine passe avec des abeilles dans une ruche vide, ce dont on n'est pas toujours sûr; cela est vrai. En me parlant plus sérieusement, on

qu'une reine dans leur ruche, à moins
que la ruche ne soit très spacieuse, ou divisée en plusieurs appartements, comme
les ruches à hausses et à boîtes, de manière que chaque essaim puisse se séparer.

V. La reine pond dans tous les temps
de l'année, excepté lorsque le froid est
rigoureux.

VI. Les jeunes reines qui sont dans
une ruche mère ne pondent point ; elles
attendent qu'elles aient un domicile particulier.

VII. Les faux bourdons sont à peu-
près de la grosseur de deux abeilles réunies ; ce sont les maris de la reine ; ils ne
recueillent rien et vivent de ce que les
abeilles amassent.

VIII. On croit que la reine est fécondée
par les bourdons, non dans la ruche,
mais en l'air, et à la suite de deux ou
trois voyages qu'elle fait ; on la dit fécondée pour deux ans, ou peut-être pour
sa vie. Ces faits ne sont pas bien consta-
tés.

IX. Un essaim n'a ordinairement que
deux ou trois cents faux bourdons ; mais
quelquefois il s'en trouve jusqu'à deux
mille. En général, plus une ruche est

peuplée, et plus il y a de faux bourdons.

X. Les faux bourdons n'existent dans une ruche que depuis le printemps, après la première ponte de la reine, jusque vers la fin de l'été, qu'ils sont chassés de la ruche ou massacrés par les abeilles.

XI. Les abeilles qui forment le gros de l'essaim sont nommées *ouvrières*, parce que c'est sur elles que roule tout le travail ; ce sont elles qui amassent la cire et le miel, qui forment les rayons, qui ont soin du couvain, qui l'échauffent et le nourrissent.

XII. Le nombre de trois cent trente-six abeilles pèse trois décagrammes (une once); par conséquent, cinq mille trois cent soixante-seize abeilles pèsent cinq hectogrammes (une livre.) Ainsi un essaim pesant trente hectogrammes (six livres), sera composé de trente deux mille deux cent cinquante six abeilles. Selon d'autres, il faut cinq milles abeilles pour former le poids de cinq hectogrammes (une livre). Les essaims très faibles pèsent cinq ou dix hectogrammes (une ou deux livres); les médiocres, quinze ou vingt hectogrammes (trois ou quatre livres); les bons, vingt-cinq hectogrammes (cinq livres); les excellents, trente hectogrammes (six livres et plus). *Réaumur* en a vu du poids de quarante hectogrammes (huit livres), qui contenaient quarante trois mille abeilles.

XIII. Tandis qu'une partie des ouvrières travaillent, un grand nombre restent groupées, les autres vont butiner, et trois ou quatre seulement font sentinelle aux environs de la porte de la ruche.

XIV. Lorsque les ouvrières sont privées de leur reine, elles restent dans l'oisiveté et périssent, si elles n'ont pas l'espoir d'en avoir bientôt une autre, ou si on ne leur en fournit pas une.

XV. Le seul moyen d'exciter les abeilles au travail, c'est de leur procurer de nouveaux espaces à remplir.

XVI. Les abeilles, pour butiner, ne s'écartent guères de leurs ruches que de trois ou quatre kilomètres (une demi-lieue ou trois quarts de lieue).

XVII. Les ruches qui ont des bourdons dans l'hiver, périssent ordinairement.

XVIII. Les œufs que la reine dépose dans chaque cellule, sont de la grosseur d'un ciron.

XIX. Les vers prennent tout leur accroissement en six jours, lorsque le temps est favorable.

XX. Il ne faut que douze ou quinze jours pour que la nymphe soit transformée en mouche, et en état de sortir de sa cellule.

XXI. Les abeilles éclosent successivement.

XXII. Lorsque le nombre des abeilles nouvellement écloses est trop grand pour que la ruche puisse les contenir toutes, elles sortent, pour former ce qu'on appelle *un essaim*, conduit toujours, dit-on, par la reine-mère.

XXIII. Il n'existe point de signe certain qui annonce qu'une ruche essaimera; l'accumulation des abeilles à la porte de la ruche fait *présumer* qu'elle fournira un essaim. Mais il arrive que des ruches en fournissent sans ce signe.

XXIV. Les ruches essaiment plustôt dans les pays méridionaux que dans les septentrionaux; cette différence est de trois semaines ou un mois.

XXV. En général, dans les cantons où l'on cultive le sarrasin en grand, les ruches n'essaiment qu'en juillet, à moins que ces cantons ne produisent assez d'autres fleurs pour fournir à la provision des abeilles. Dans les autres cantons, le temps des essaims est vers la fin de mai ou commencement de juin.

XXVI. Si la ruche est spacieuse, ou si elle est composée de plusieurs appartements vides où les abeilles puissent travailler, elles ne sortiront point, et il n'y aura point d'essaim.

XXVII. Si les abeilles nouvellement écloses n'ont point de reine, elles ne sortiront point de la ruche pour en former un essaim particulier, à moins qu'elles n'y soient forcées par leur nombre excessif, et dans ce cas l'essaim sera perdu, si on ne lui procure pas une reine, où si on ne le réunit pas avec un autre essaim.

XXVIII. La ruche qui a donné un essaim en donne ordinairement un second, et puis un troisième.

XXIX. Il est des ruches qui essaiment cinq, six, et huit fois de suite.

XXX. Plus une ruche fournit d'essaims, et moins elle abonde en miel.

XXXI. Les ruches qui fournissent plus de trois essaims périssent ordinairement dans l'automne.

XXXII. Il arrive quelquefois que les

essaims de l'année fournissent un ou deux essaims.

XXXIII. Les essaims sont avancés ou retardés selon que le printemps est plus ou moins précoce.

XXXIV. Les essaims sortent ordinairement depuis dix heures du matin jusqu'à trois ou quatre heures de l'après-midi.

XXXV. Les essaims refusent les ruches trop spacieuses, et celles qui ont une odeur de renfermé ou de moisi.

XXXVI. Un bon essaim doit peser de vingt-cinq à trente hectogrammes (cinq ou six livres). Il y en a de quarante hectogrammes, mais ils sont rares.

XXXVII. Si un essaim reste dans une grande ruche, il n'amasse que de la cire, et récolte très peu de miel.

XXXVIII. Les essaims qui sont dans de petites ruches fournissent plus de miel que dans les grandes, parce qu'ils emploient moins de temps à former leurs rayons, et que les abeilles ne pensent à amasser du miel que lorsque les rayons sont finis.

XXXIX. Plusieurs essaims réunis dans la même ruche fournissent plus de miel qu'ils n'en auraient donné étant logés séparément.

XL. La première occupation des essaims est de construire des rayons.

XLI. Quelquefois à peine y a-t-il vingt alvéoles de formés, que la reine y dépose des œufs.

XLII. Chaque rayon est attaché au haut de la ruche avec une matière appelée *propolis*, qui sert aussi aux abeilles à boucher les fentes de la ruche.

XLIII. Tous les rayons sont ordinairement situés dans une direction perpendiculaire à la porte de la ruche qui sert d'entrée aux abeilles.

XLIV. Si l'on a attaché un morceau de rayon au haut de la ruche, les abeilles le soudent et le prolongent.

XLV. L'intervalle entre chaque rayon est ordinairement de huit millimètres (quatre lignes).

XLVI. Les abeilles laissent des ouvertures à plusieurs rayons, pour établir des communications d'un côté à l'autre.

XLVII. Les alvéoles de chaque rayon n'ont pas tous la même grandeur; ceux destinés aux ouvrières sont les plus petits, ceux des bourdons sont plus spacieux.

XLVIII. Les cellules où doivent naître des reines sont placées sur les bords des rayons; leur structure est différente des autres : elles sont longues, grosses comme le doigt, et leur ouverture est au bas.

XLIX. C'est dans la partie supérieure des rayons que les abeilles mettent ordinairement leur miel, le couvain au milieu et la cire en bas. Quand la récolte du miel est abondante, elles le déposent dans tous les alvéoles indistictement. On croit aussi que les abeilles amassent dans un certain nombre d'alvéoles des poussières d'étamine ou de la cire brute et non encore digérée pour leur servir de nourriture pendant l'hiver, parce que l'usage seul du miel leur est, dit-on, contraire.

L. Les rayons nouvellement construits sont jaunes ; ils brunissent ensuite dans le milieu ; cette couleur devient peu à peu plus foncée ; elle s'étend successivement, et enfin dans les vieilles ruches les rayons sont tout noirs.

LI. Les alvéoles qui contiennent du miel, sont fermés d'une pellicule blanche et platte ; ceux qui contiennent du couvain sont fermés d'une pellicule brune et bombée.

LII. Les abeilles ne consomment presque rien en hiver, tant que le froid les empêche de sortir.

LIII. Les abeilles résistent à un froid de vingt degrés au-dessous de la glace du thermomètre de *Réaumur*. Elles ne subissent donc pas cette espèce d'engourdissement qu'on suppose, ou si elles le subissent, elles ne le subissent pas long-temps.

LIV. Les abeilles ont la faculté de conserver et d'accroître même le degré de chaleur dont elles ont besoin.

LV. Dans l'hiver, les abeilles occupent le haut de la ruche; dans le printemps et l'été elles occupent le bas et le milieu.

LVI. Les ruches fermées hermétiquement sont exposées à moisir; d'où s'ensuit la mort des abeilles.

LVII. La clôture des ruches ou la reclusion des abeilles trop prolongée en hiver, peut leur devenir funeste, par le besoin qu'elles ont de se vider.

LVIII. L'exposition des ruches au midi est la plus favorable; celle du levant peut-être bonne dans les pays méridionaux, mais ailleurs elle est pernicieuse. Au printemps et en automne, les abeilles, trompées par la chaleur qu'occasionent les premiers rayons du soleil, se déterminent à sortir, et sont saisies par le froid.

LIX. La mortalité des abeilles est presque toujours l'effet d'un manque de nourriture ou de la perte de la reine.

LX. Ni les fleurs d'orme, ni les fleurs de tilleul, ni les fleurs de la vigne ne sont nuisibles aux abeilles.

LXI. Les endroits humides sont funestes aux abeilles.

LXII. On conserverait une ruche cent ans sans y toucher, qu'elle n'aurait pas plus de cire et de miel que la première année.

LXIII. Cinq hectogrammes (une livre) consomment un peu plus de cinq hectogrammes (une livre) de miel, depuis la fin de l'automne, jusqu'à la saison des fleurs.

LXIV. Plus on avance vers le nord, et plus on doit diminuer la capacité des ruches.

DIXIÈME PARTIE.

BIBLIOGRAPHIE DES ABEILLES.

De la République des abeilles; Dédié à très noble seigneur G. du Puy-du-Fou, gentilhomme Poidevin, par Pierre-Constant LENGBOIS, un petit vol. in-4°, Paris, 1583.

Ce poème, qui réunit toutes les connaissances et les préjugés qu'on avait sur les abeilles, jusqu'au temps où il a été composé, mérite d'être lu par ceux qui aiment la simplicité de notre poésie encore au berceau.

Perfecta y curiosa declaracion de los provechos grandes que dan las colmenas ben administradas, y alabancas de las abejas, por JAIME GIL, *natural de Magallonne. En Saragoza* 1621. *Détails curieux et circonstanciés des grands avantages qu'on peut retirer de l'éducation des abeilles, si l'on y donne tous les soins qu'elles méritent, par* JACQUES

Gɪʟ , natif de Magallon. Saragosse 1621,
1 vol. petit in-8.

Cet ouvrage, extrêmement diffus, comme la plupart
de ceux qui ont été composés dans ce temps-là, renferme toutes les connaissances qu'on avait jusqu'a-
lors sur les abeilles; on n'y trouve de singulier que le
conseil que l'auteur donne à toutes les personnes
qui se vouent au service des autels, d'élever des
abeilles , parce que ces insectes sont les emblèmes
de la chasteté et de la vigilance. Parmi les choses
utiles, il conseille de frotter l'extérieur des ruches
avec du vinaigre , dans lequel on aura fait dissoudre du sel marin. Ces lotions, faites dans la
belle saison , détruisent les teignes et autres insectes. Il recommande encore de faire la même
chose au bas de la ruche , dans l'intérieur , sans
toucher toutefois aux rayons. On remarquera que
les Espagnols et les Italiens ont dû écrire les premiers parmi les modernes , sur l'éducation des
abeilles , parce que la cire est très utile dans leur
pays, où les grandes chaleurs font couler les
chandelles de suif. Le menu peuple brûle de
l'huile. *Jaime Gil* semble insinuer , dans son livre , que l'on enduisait, de son temps, les ruches
avec du bitume.

*The ordering of bees, or the true history
of managing them , etc. By John* Lᴇʀᴇᴛᴛ. L'administration des Abeilles,
ou la véritable manière de les bien
élever , par Jean Lᴇʀᴇᴛᴛ. In-4°, Londres , 1634.

Les plaisirs innocents et amoureux de la campagne, contenant le traité des mouches à miel, ou les règles de les bien gouverner, et les moyens d'en tirer un parti considérable, par la récolte de la cire et du miel; 1 vol. in-12, Amsterdam, 1699.

Ce livre est très instructif pour le temps, et très détaillé.

Portrait de la mouche à miel, sa forme, ses vertus, sens et instructions, par Alexis De Montfort, 1 vol. in-8°, Liége 1646.

L'auteur de ce petit ouvrage a débité beaucoup de fables, au travers desquelles sont des instructions utiles. Il propose, par exemple, de construire des ruches très faciles à tailler, quand on compte les abeilles pour rien. On y voit, en forme d'axe, un morceau de bois arrêté par le haut avec une cheville, et qui en porte d'autres plus petits, placés en sens contraire, pour donner une certaine consistance aux rayons. Veut-on tailler la ruche, on la transporte sur un tonneau, et l'on défait la cheville qui retenait la petite pièce de bois qui soutenait les rayons; ceux-ci sont alors entraînés par leur propre poids, et tombent dans le vase avec les mouches, qui y trouvent leur perte.

Traité des mouches à miel, ou règles pour les bien gouverner, et les moyens d'en

tirer un profit considérable , par la ré-
colte de la cire et du miel , Paris 1690,
1 vol. in-12.

Ce petit ouvrage , qui fait honneur à la typo-
graphie , est très méthodique ; mais il ne renferme
que des connaissances ordinaires : il paraît avoir
été entièrement fondu dans la *Maison rustique* , à
l'article des abeilles , tom. I. On voit , en lisant
ce traité, que l'usage des hausses était connu depuis un temps immémorial dans le Poitou et le
Limousin. *Liv.* 3, *p.* 124 , l'auteur indique une
méthode particulière pour nourrir les abeilles
pendant l'hiver. Il faut, dit-il , pag. 156, prendre
une certaine quantité de grosses fèves , les piler
dans un mortier, et les faire cuire dans un pot ,
pour les écraser et les réduire en bouillie. Vous
y mêlerez du miel à proportion. Lorsque le tout
sera incorporé , vous ferez des petites boules pour
les placer sur les siéges des ruches, ou les appliquer
contre les gâteaux pleins de miel que l'on met au-
dessous des ruches ; mais le pillage est à craindre ;
lorsqu'on donne ces boules , on bouche en même
temps la ruche pour quelques jours , afin d'empêcher les autres mouches d'y entrer. Lorsqu'il
se sera écoulé deux ou trois jours , on fera un petit
trou pour le passage de deux mouches seulement.

The feminine monarchy, or the history of
bees , shewing their admirable nature
and properties , their generation and
colonies , etc., together with the right
ordering of them , and the swet

profit arising thereof, written out of experiences, by Charles BUTLER, 1 vol. in-4°, 1623. La monarchie féminine, ou histoire des abeilles, où l'on parle de leur nature, de leur génération, de leurs essaims, avec la manière de les élever, le tout fondé sur l'expérience, par Charles Butler, 1 v. in-4.

Cet ouvrage a pour épigraphe cette sentence de Plaute : *Pluris est oculatus testis unus quam auriti decem ;* on doit plutôt s'en rapporter à un témoin oculaire qu'à dix qui n'agissent que sur parole. On trouve des notions très curieuses dans ce traité. L'auteur a cru distinguer les tons du chant de la mère abeille, quand elle va partir avec une nouvelle colonie, et en a composé un air dans lequel il les a fait entrer : il conseille de le jouer souvent, sur un instrument à vent, auprès des ruches, pour plaire aux abeilles. Butler va plus loin, il désire que l'on chante encore sur le même air des chansons composées à l'honneur des abeilles.

Agricoltura generale, compuesta por Alonso de HERRERA. Traité complet d'Agriculture, composé par Alphonse d'HERRERA, Madrid, 1646, 1 vol. in-fol.

Cet ouvrage, qui a été composé d'après les meilleurs auteurs de l'antiquité, renferme des détails intéressants sur les abeilles.

Tratado breve de la coltivacion y cura de las colmenas, etc., compuesto por

Luys Mendez de Torres. Traité abrégé de l'Éducation des Abeilles , par Louis MENDEZ DE TORRES.

Cet ouvrage , qui est contenu dans l'édition de l'Agriculture générale , par Louis-Alphonse de Herrera , ne renferme rien de particulier que les ordonnances qui furent données pour rétablir, aux environs de Séville , une sorte de police dans l'éducation des abeilles.

Histoire naturelle des abeilles, par l'abbé BAZIN , 2 vol. in-12.

Abandhengen and erfahrungen der œconomischen bienengesell shaft in oberlansitz, von Jarh, 1766, *zur aufnahme der bienenzacht in sachsen hereans gegeben.* Expositions et Expériences économiques de la Société des Amateurs d'abeilles dans la Haute-Lusace, pendant les années 1766 et 1767 , pour les progrès de l'éducation des abeilles en Saxe et autres pays voisins ; 2 vol. in-8°, Dresde.

Cet ouvrage est en général un des plus curieux qui ait été composé sur les abeilles ; c'est dommage que le plus grand nombre des expériences qu'on y rapporte ne soit pas à la portée du commun des cultivateurs ; on y trouve des morceaux qui peuvent donner de grandes lumières sur la ge-

nération des abeilles. Le quatrième mémoire , at-
tribué à Schirach de Kleinbautzen , secrétaire de
la société , est très intéressant ; il a pour objet une
manière aisée de produire des essaims , sans attendre qu'ils sortent d'eux-mêmes. Au lieu de les
ramasser lorsqu'ils abandonnent la mère ruche ,
on fait éclore le couvain dans une ruche à part, où
l'on enferme les abeilles nécessaires à son développement ; la petite colonne se forme en peu
de temps , et produit une reine. Ce moyen , déjà
connu en Lusace , a été simplifié par notre auteur.
Il place dans chacune des trois petites hausses, semblables à celles de Gélieu, un gâteau de cire vide ,
un de couvain, et un troisième rempli de miel ,
avec trois cents abeilles ouvrières, qu'il enferme
avec des provisions suffisantes pour une vingtaine
de jours ; on ouvre les hausses au bout de cet intervalle, et l'on voit une reine se disposer à éclore
dans chacune ; on l'emporte alors dans une ruche
ordinaire frottée de mélisse , avec ce couvain prêt
à former des abeilles ; l'essaim y fixe ordinairement sa demeure. Le sixième chapitre renferme
un moyen ingénieux pour nourrir les abeilles pendant un temps de disette. M. Reich de Sablath ,
qui en est l'inventeur, a tenté avec succès de substituer au miel le jus des poires les plus douces
qu'il a pu trouver. On en prend une certaine
quantité , et, après les avoir fait cuire au four, on
répand dessus sept à huit pintes d'eau ; on fait
bouillir le tout jusqu'à ce que l'eau se réduise à six
pintes , et qu'elle prenne une consistance de sirop
semblable à celle du miel ; on filtre ce mélange, et
l'on y ajoute une très légère quantité de sucre. On

donne ce sirop aux abeilles, lorsqu'il est refroidi, en guise de miel ; on place pour cela de petits plats remplis de cette liqueur dans le voisinage des ruches. On a soin d'y mettre quelques petites lames de cire, sur lesquelles les abeilles peuvent se reposer, sans courir les risques de se noyer. Ce moyen, qui conserve les ruches dans toute leur vigueur, coûte la moitié moins que le miel qu'on donne communément à ces insectes. Dans pareilles circonstances, le jus des poires beurrées très mûres, cuites à petit feu, peut être employé sans sucre, et fournit une nourriture également saine et agréable aux abeilles.

Le morceau le plus intéressant pour les naturalistes est celui où il est question de la génération des abeilles. Nous croyons faire plaisir à nos lecteurs d'en rapporter le précis. On s'était toujours accordé à attribuer le sexe masculin aux faux bourdons ; ils avaient seuls l'honneur de féconder la reine : une expérience, citée par M. Horn-Bostel, leur enlève cette prérogative. Prenez, dit-il, lorsqu'il est formé, ou le lendemain, temps où les reines surnuméraires ont péri ; enlevez à l'essaim la seule mère abeille qui lui reste ; au moyen du bain inventé par Réaumur, enlevez également tous les faux bourdons qui s'y trouvent ; substituez à la reine que vous avez enlevée une autre mère abeille que vous aurez prise dans sa cellule, au moment où la mouche en perce le couvercle, et placez votre essaim à une telle distance des autres ruches, que les faux bourdons, qui s'écartent ordinairement peu, ne puissent y parvenir ; la virginité de la reine est alors à l'abri de tout soupçon ;

cet essaim produira néanmoins du couvain, de nouvelles ouvrières, des reines et des faux bourdons.

*A treatise on the management of bees,
wherin is contained the natural history
of those insects ; with the various me-
thods of cultivating them, both ancient
and modern, with the improved treat-
ment of them : to which are added the
natural history of wasps and hornets,
and the means of destroying them. Il-
lustrated with copper plates, by Thomas* WILDMANN *, in-4°, 1768, London,
Cadell.* Traité de l'Éducation des
abeilles, dans lequel on a inséré l'histoire naturelle de ces insectes, avec les
différentes méthodes anciennes et modernes de les élever ; on parle ensuite
de la meilleure. On y a ajouté l'histoire
des guêpes et des frelons, avec les
moyens de les détruire. Ouvrage enrichi
de planches. Par Thomas WILDMANN.
1 vol. in-8°, à Londres, chez Cadell, 1768.

Voici ce que le Monthly-Rewiew, ouvrage pé-
riodique très estimé en Angleterre, dit de l'ouvrage de Wildman : « M. Wildman, après avoir
excité notre surprise et notre admiration par l'empire singulier qu'il a sur les abeilles, ces insectes
si utiles et si intéressants, communique aujour-
d'hui ses découvertes au public, plutôt dans l'intention de lui être utile, que de satisfaire une sté-

rile curiosité. Son ouvrage est dédié à la reine de
la Grande-Bretagne ; il remarque dans sa préface
qu'on faisait un plus grand cas du miel avant que
le sucre fût devenu aussi commun qu'il l'est depuis la decouverte de l'Amérique. Il tenait le premier rang dans la préparation de plusieurs ali-
ments. Quoique la valeur du miel soit aujourd'hui
diminuée, le luxe, dit notre auteur, a augmenté
le prix de la cire, dont on fait des flambeaux et des
bougies, dont on fait usage dans toutes les as-
semblées, et chez les personnes opulentes. D'ailleurs, la consommation des cierges qui se fait
journellement dans les cérémonies de l'église romaine, est la cause que la cire est aujourd'hui
une branche considérable de commerce. Les Français, à qui cette réflexion n'a point échappé, s'appliquent singulièrement à l'éducation des abeilles,
et en font non-seulement un objet d'amusement,
mais ils en retirent de grands profits. Il est donc à
désirer que l'on encourage davantage cette partie
de l'agriculture en Angleterre ; surtout parce
qu'elle est à la portée des pauvres habitants de la
campagne. Plusieurs branches d'industrie, quoique très avantageuses, sont souvent préjudiciables
au petit peuple, parce qu'elles le privent du fruit
de son travail, pour le faire passer dans les mains
d'un petit nombre de personnes, telles que les en-
trepreneurs des manufactures ; quoi qu'il en soit,
l'éducation des abeilles devrait être le partage des
paysans les moins aisés, puisqu'elle n'exige point
de frais, et qu'elle n'exige qu'un peu d'attention
dont ils sont capables.

La première partie de l'ouvrage de Wildman contient l'histoire des abeilles, tirée des Mémoires de l'Académie des sciences de Paris ; c'est un abrégé de l'histoire de ces insectes, composée par MM. Moraldi et de Réaumur. Notre auteur s'est renfermé dans les bornes les plus étroites, autant que la nature de son sujet a pu le permettre ; il n'a eu d'autre intention que de présenter aux personnes curieuses les objets de ses recherches : il ajoute qu'il a perfectionné la manière d'élever les abeilles, en construisant de nouvelles ruches plus commodes que les anciennes, et en prenant l'empire sur ces insectes. Tel est le fruit de ses découvertes. Wildman parle, dans le cours de son traité, de plusieurs particularités intéressantes, relatives aux abeilles ; quoiqu'elles soient connues de tout le monde, elles n'en sont pas moins digne de l'admiration de tout homme qui pense.

Les détails les plus intéressants dans lesquels Wildman est entré sur la conduite des abeilles, se trouvent dans la seconde partie de son traité, qui est d'ailleurs enrichi d'une foule de citations de différents auteurs anciens et modernes. Il parle avec éloge de madame Vicat, qui demeure en Suisse, et de M. de Labourdonnaye, qui réside en Bretagne ; il se félicite d'avoir eu les mêmes idées que ces personnes sur l'éducation des abeilles, sans avoir eu la moindre communication avec elles.

Le premier chapitre de son second livre a pour objet la situation la plus convenable aux abeilles ; on y traite des différentes espèces de ruches. Wildman pense que celles qui sont en paille doivent être préférées à toutes les autres, parce que la paille ne s'échauffe pas aussi facilement au soleil que le bois ou toute autre matière solide , et garantit mieux les abeilles de la rigueur des hivers ; d'ailleurs la médiocrité de leur prix les met à la portée de tout le monde. Il décrit exactement les ruches de son invention , qui paraissent plus commodes que celles que l'on a imaginées jusqu'ici , parce qu'elles facilitent la récolte de la cire et du miel , sans détruire les abeilles. Cet objet est un des plus importants et des plus avantageux.

Wildman parle , dans les chapitres suivants , des essaims , de la manière de les conserver dans les ruches et de les transvaser. Chaque article est accompagné de plusieurs observations utiles et curieuses. Le cinquième chapitre développe la supériorité de la méthode de notre auteur pour l'éducation des abeilles : nous allons en extraire ce qu'il y aura de plus utile et de plus agréable pour nos lecteurs. Après avoir parlé des différents préceptes indiqués par divers écrivains pour la récolte du miel et de la cire, sans faire périr les abeilles , il explique de la manière suivante sa méthode de tailler les ruches :

« Transportez la ruche dont vous désirez prendre la cire et le miel , dans une chambre où il n'y ait que très peu de jour , de sorte que ces insectes prennent cette obscurité factice pour le crépuscule ; renversez adroitement votre ruche , et placez-la entre les pieds d'une chaise dont vous aurez ôté la paille , ou sur tout autre support ; couvrez-la avec une ruche vide : ayez soin d'incliner tant soit peu

le côté de cette dernière qui est voisin de la fenêtre , afin que les abeilles aient assez de jour pour
y entrer. Tandis que vous tiendrez votre ruche
dans cette situation avec votre main gauche , frappez avec la droite sur la ruche pleine , depuis le
sommet jusques à la base , tout autour , comme
si vous battiez la caisse ; les abeilles étant troublées
dans tous les cantons de la ruche , se réfugieront
promptement dans la ruche vuide. Augmentez les
coups , plutôt en vitesse qu'en force , jusqu'à ce
que les abeilles soient parties : ce déménagement
se fait ordinairement en cinq minutes. On observera que ces insectes abandonnent plus volontiers
une ruche très pleine de miel que celle qui ne
l'est que médiocrement. Dès que la plupart des
abeilles sont montées dans la ruche vuide, on
transporte promptement cette dernière sur le rucher, dans l'endroit où était celle qu'elles viennent
d'abandonner , de peur que ces insectes ne continuent d'aller de l'une dans l'autre. Il faut une
certaine adresse pour cette manœuvre. Les abeilles
qui sont absentes rentrent alors dans leur nouvelle
ruche , où elles retrouvent leurs compagnes. Si
cette opération est faite dans une saison convenable , on examinera les cellules royales , et s'il
n'y a point de jeunes reines que l'on puisse sauver,
on ménage pareillement le couvain , et on laisse
une certaine quantité de miel derrière lui ; on
transporte dans la ruche le rayon où il se trouve
avec des broches pour le soutenir. Lorsqu'on taille
la ruche , on doit avoir soin de la pencher du côté
où l'on opère , afin que le miel ne coule point sur

les gâteaux qui doivent rester ; on remet la ruche dans sa situation naturelle, pour en faire tomber les morceaux de cire et de miel qui ont échappé des mains ; on prend enfin la ruche où sont les abeilles, et on la secoue sur une table où il y a un linge propre ; on leur présente aussitôt leur ancienne habitation, où elles rentrent promptement. Comme les abeilles s'occupent particulièrement du soin de se reproduire pendant le printemps et au commencement de l'été, on ne doit pas tailler les ruches avant le 15 de juin : on finit cette récolte après le 15 de juillet, parce que les pluies qui tombent ordinairement vers la fin de l'été, empêchent que les abeilles puissent faire des provisions suffisantes pour passer l'hiver.

» Lorsque nous avons examiné les différents moyens employés par les anciens et les modernes pour recueillir le miel et la cire, nous avons été surpris qu'ils n'aient pas trouvé une méthode aussi simple que celle que nous venons de décrire : on n'est pas moins étonné que Réaumur, qui l'a pratiquée si souvent dans le cours de ses expériences, ne l'ait pas étendue à l'usage ordinaire ; il semble qu'il ne réfléchissait pas sur les effets de la crainte sur les abeilles, et combien on peut en tirer parti pour contenir ces insectes et les obliger à rester tranquilles dans leurs retraites. Ils deviennent si doux et si traitables, qu'ils seront saisis de crainte au plus petit coup qu'on donnera à la ruche, et qu'ils n'en témoigneront jamais le moindre ressentiment. Ces insectes semblent ne désirer que la paix et la tranquillité ; il s'ensuit donc, qu'une personne qui

s'est familiarisée avec les abeilles peut les gouverner comme il lui plaît, en s'en faisant craindre.

» Plusieurs particuliers ont été étonnés de voir
les abeilles s'attacher aux différentes parties de
mon corps ; ils ont paru désirer avec empressement de posséder le secret qui me procurait les
bonnes grâces de ces insectes. J'ai promis imprudemment de le révéler ; je suis donc obligé de tenir ma parole. Je déclare que la crainte et la reine
des abeilles sont les principaux agents de cette
opération. Je dois avertir ici mes lecteurs qu'il
faut un art ou plutôt une pratique pour la bien
exécuter, et que l'on ne peut la leur communiquer.
Il ne leur sera pas facile de l'acquérir promptement ; la perte de plusieurs ruches sera nécessairement la suite de ces tentatives, avant que de
réussir ; ceux qui voudront l'essayer s'en convain-
cront par eux-mêmes.

» Une longue expérience m'a appris que, lorsqu'on donnait plusieurs coups sur les côtés et sur
le bas d'une ruche, la reine des abeilles paraissait
aussitôt pour voir la cause de cette alarme, et
qu'elle se retirait sur-le-champ au milieu de son
peuple. M'étant accoutumé à la voir fréquemment,
je l'apercevais au moindre coup que je donnais
sur la ruche. Une longue pratique m'a enseigné
les moyens de m'en saisir dans l'instant, avec des
précautions convenables pour sa vie ; ce qui est
de la plus grande importance, puisque le moindre
tort fait à la reine des abeilles cause la perte de la
ruche, à moins que vous n'en ayez une autre pour
la remplacer, comme je l'ai souvent éprouvé lors-

que je faisais mes premières expériences. Quand je me suis emparé de la mère abeille, je puis la tenir dans ma main sans lui faire aucun mal, et sans encourir son ressentiment au point qu'elle vînt à me piquer; je retourne vers le rucher, et je garde la reine jusqu'à ce que les abeilles s'en voyant privées, s'envolent toutes avec la plus grande confusion. Lorsque ces insectes sont ainsi troublés, je place leur reine dans l'endroit où je voudrais qu'ils s'arrêtassent : quelques abeilles, qui l'aperçoivent dans l'instant, vont avertir leurs compagnes qui sont les plus voisines, et celles-ci appellent le reste de l'essaim; cet avis devient si général, que les abeilles se rassemblent toutes autour de la reine dans quelques minutes. Elles sont si charmées d'avoir retrouvé la seule ressource de leur monarchie, qu'elles demeurent long-temps dans la même situation. Bien loin de s'enfuir, l'odeur du corps de leur reine a tant d'attraits pour ces insectes, que, partout où elle passe, ils s'y attachent sur le champ, et la suivent sans cesse.

» Mon attachement pour la reine des abeilles, et les égards que je dois avoir pour une vie si précieuse, fait que je désirerais ardemment n'avoir jamais détaillé une opération qui, étant pratiquée par des mains maladroites, me fait trembler pour ces insectes si chers; cependant l'amour de la vérité m'oblige à dire ici que je suis parvenu, en prenant beaucoup de précautions, à mettre un fil de soie autour de la reine des abeilles, sans lui faire aucun mal; je l'ai fixée pour lors dans l'endroit où je ne pouvais pas présumer qu'elle restât naturellement : je me suis servi quelquefois d'un moyen moins dangereux, qui consiste à couper un des côtés des ailes de la mère abeille.

» Je terminerai cet article de la même manière que *Caius Furius Cresinus*, qui, ayant été cité devant un édile curule dans une assemblée du peuple, pour se disculper d'une accusation de sorcellerie, fondée sur les récoltes abondantes qu'il faisait dans un petit champ, tandis que ses voisins n'en avaient que de médiocres dans des terres beaucoup plus étendues, montra des instruments d'agriculture en bon état, des bœufs bien nourris, une ménagère intelligente, et sa fille; il s'écria alors : *O Romains* (1), *voilà les instruments avec lesquels je fais mes sortilèges; mais je ne peux pas vous montrer mes soins, mes fatigues et soucis. C'est ainsi que je m'adresse à vous : O Bretons* (2), *je vous ai enseigné les moyens d'opérer mes sortilèges : mais je ne saurais vous faire voir combien de temps je me suis exercé à cette opération, et l'inquiétude et les soins que j'ai pris pour mes abeilles, ces insectes si utiles; je ne saurais pareillement vous communiquer mon expérience, qui est le fruit d'un grand nombre d'années.* »

L'avant dernier chapitre de cet ouvrage très intéressant, renferme des règles pour séparer la cire et le miel, avec la manière de découvrir les abeilles

(1) Pline, *Hist. nat.*, liv. xviii.

(2) These, Britons, are my instruments of witchcraft; but I cannot shew you my hours of attention to this subject, my anxiety and care for these useful insects, nor can I communicate to you my experience acquired during a course of years.

dans les forêts, de les prendre et de les transporter dans les ruches. On y détaille encore les différents ennemis des abeilles, avec les moyens de les en défendre ; on parle encore de tous les accidents qui peuvent arriver à ces insectes, et du soin qu'il en faut prendre pendant l'hiver.

Wildman emploie le dernier chapitre de son Traité à donner des préceptes pour faire l'hydromel. Il désire ardemment que l'on adopte sa manière de conduire les abeilles, afin que l'on puisse se procurer une quantité plus abondante de cette salutaire liqueur. Le long extrait que nous donnons nous dispense d'entrer dans toutes ces particularités. Il nous reste encore à dire que la dernière partie de l'ouvrage contient l'histoire naturelle des guêpes et des frelons, tirée des mêmes mémoires où l'on trouve celle des abeilles. Cet article est terminé par les moyens de détruire ces pernicieux insectes. On doit convenir que l'ouvrage de Wildman est un des plus curieux dans ce genre, et qu'il est digne encore de l'attention des cultivateurs.

Observations sur les abeilles. (Bulletin de la Société d'encouragement, pour l'industrie nationale, t. 1, p. 38.)

Moyen d'endormir les abeilles, par M. MAYEUR. (Archives des découvertes et des inventions nouvelles, françaises et étrangères, t. 7, p. 167.)

Manière d'élever les abeilles. Mémoire d'agriculture (Seine), t. 5, p. 215.

Mémoire de M. Lombard, relatif aux abeilles et aux moyens de les multiplier en France. (Idem, t. 6, p. 206 à 351, et t. 8, p. 245.)

Notice sur la durée de la vie de la mère abeille. (Bibliothèque universelle des sciences, t. 12, p. 139.)

Économie des abeilles. The Repertory of arts, manufactures, and agriculture, t. 12, p. 27.

Moyen d'élever les abeilles. (Idem, t. 24, p. 97.)

Détails sur l'éducation des abeilles, par M. Espinasse. (Id., t. 26, p. 210 à 283.)

Nouvelle méthode pour réunir plusieurs ruches d'abeilles en une seule, par le révérend Andrew Jamesan. (Idem, t. 38, p. 38.)

Observations sur les abeilles, suivies d'un manuel pratique de la culture des abeilles. (Feuille du cultivateur, t. 6, p. 169 à 170.)

Discours de M. Vallé, *sur les abeilles.* (Idem, t. 8, p. 41.)

Mémoire sur les abeilles. (Histoire de l'Académie royale des sciences, année 1712, p. 5.)

(424)

Diverses observations économiques sur les abeilles, par M. Duhamel. (*Idem,* année 1754, p. 331.

Instruction concernant les abeilles. (*Dictionnaire technologique,* ou nouveau Dictionnaire des arts et métiers, t. 1, p. 5.)

Détails sur la manière d'élever les abeilles. (Théâtre d'agriculture, et ménage des champs, d'Olivier de Serres, t. 2, p. 84.)

Le conservateur des abeilles. (Bibliothèque universelle, t. 1, p. 291.)

Notice sur les abeilles. (*Idem,* t. 2, p. 51).

Observations à l'occasion de plusieurs ouvrages modernes sur les abeilles. (Annales de l'agriculture française, première série, t. 8, p. 76.)

État de nos connaissances sur les abeilles au commencement du dix-neuvième siècle, par M. Lombard. (Annales de l'agriculture française, t. 32, p. 352, t. 35, p. 5 et 145, et t. 36, p. 43 et 227.)

Rapport à l'Institut, sur un essai relatif aux abeilles. (Annales de l'agriculture française, t. 12, p. 30.)

Traité sur les abeilles, par M. CAGNIARD. (*Idem*, t. 62, p. 140.)

Traité sur les abeilles. (*Idem*, t. 70, p. 87.

Notes sur les moyens d'endormir les abeilles. (*Idem*, t. 45, p. 265.)

De l'exposition la plus favorable aux abeilles. (*Idem*, t. 51, p. 32.)

Nouvelles observations sur les mœurs des abeilles. (*Idem*, t. 70, p. 241.)

Cours sur les abeilles. (Annales de l'agriculture française, deuxième série, t. 12, p. 31.)

Observations de M. DEZILLES, sur les abeilles. (*Idem*, t. 4, p. 240.)

Moyen d'obtenir des essaims artificiels, par M. FEBURIER. (Archives des découvertes et inventions nouvelles, t. 3, p. 193.)

Modèle d'une nouvelle presse à miel, par M. LAGGRET, *au conservatoire des arts et métiers, à Paris.*

Notice sur le miel. (Archives des découvertes et inventions, t. 5, p. 283 à 289.)

Moyen de blanchir le miel, par M. GUILVERT. (*Idem*, t. 6, p. 380.)

FIN.

TABLE.

(428)

TROISIÈME PARTIE.

QUATRIÈME PARTIE.

CINQUIÈME PARTIE.

FIN DE LA TABLE.

Pl. 4

1. A.

3.a

3.B

...le à feuillets à la Hubert. Fig. 1.2.3.
...ts avec son surtout Fig 4 Ruche à feuillets

Pl. 8. 
G
E
D
D
G
A
Presse à retirer le miel des Gâteaux par M.
Vannet, modifiée

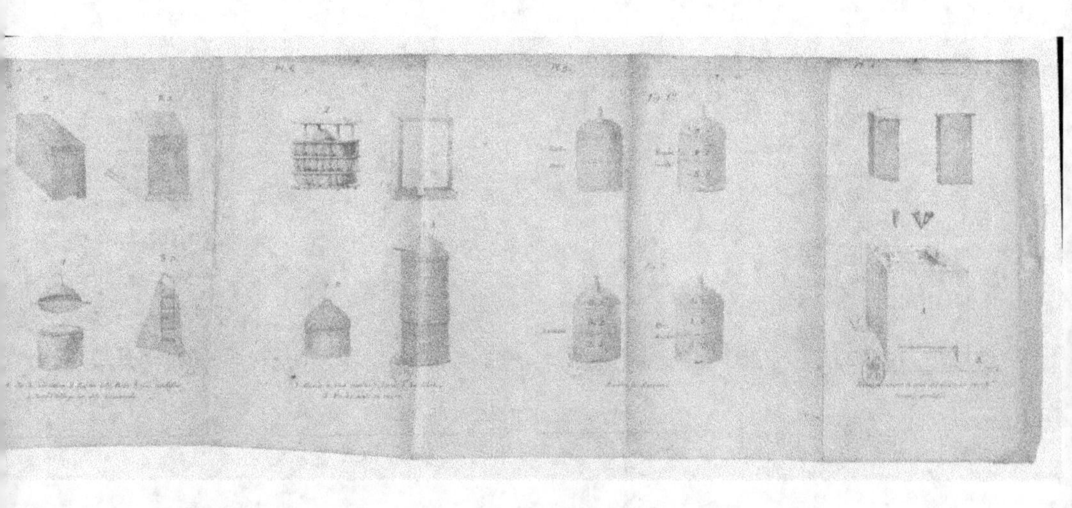